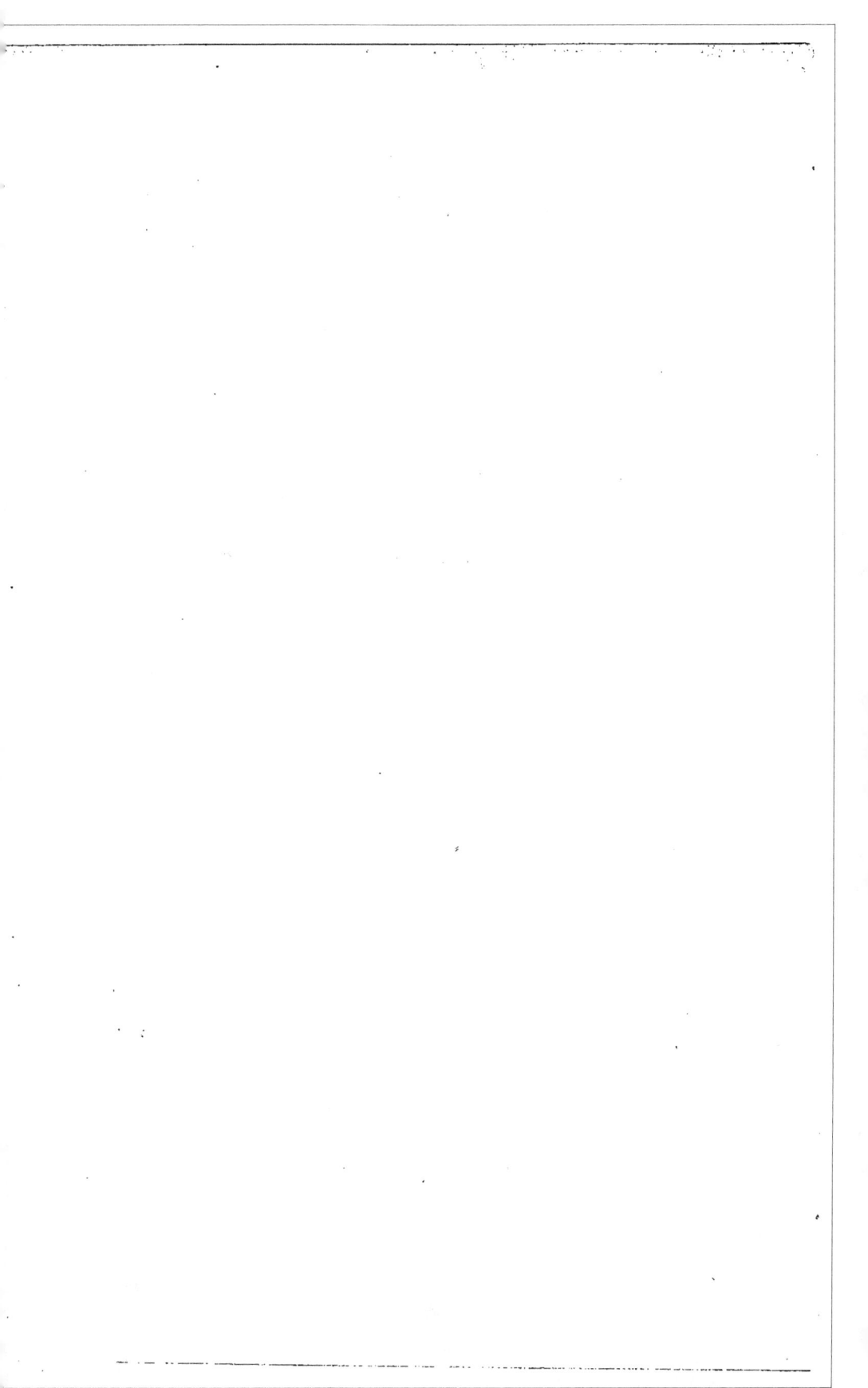

S 25110

OENOLOGIE

ou

DISCOURS

SUR LE VIGNOBLE ET LES VINS

DE POLIGNY

(C)

OENOLOGIE

OU

DISCOURS SUR LE VIGNOBLE ET LES VINS

DE POLIGNY

SUR LA MÉTHODE ET LES MOYENS DE LES PERFECTIONNER
ENSUITE D'EXPÉRIENCES ET D'ESSAIS

ANNÉE 1774

PAR

Messire François-Félix CHEVALIER

DE POLIGNY

CONSEILLER MAITRE HONORAIRE EN LA CHAMBRE ET COUR DES
COMPTES, AIDES, DOMAINES ET FINANCES
DE FRANCHE-COMTÉ, DE L'ACADÉMIE DES SCIENCES, BELLES-LETTRES ET ARTS
DE BESANÇON ET DE LA SOCIÉTÉ D'AGRICULTURE D'ORLÉANS.

POLIGNY

IMPRIMERIE DE G. MARESCHAL

1873

INTRODUCTION

Nous devons à l'obligeance de la famille de Froissard la communication d'un manuscrit précieux concernant l'industrie viticole du canton. En le livrant à la publicité, la Société de Poligny croit rendre à la fois un hommage à l'auteur et un service à la viticulture de l'arrondissement tout entier. On éprouve en le lisant le regret de ne pas mieux connaître les diverses phases de notre histoire agricole, et de ne pouvoir toujours lui appliquer cette maxime du poète :

Au flambeau du passé que l'avenir s'éclaire.

On verra en outre combien peu de progrès se sont accomplis dans cette partie depuis un siècle et plus. Déjà, à cette époque, on se plaignait que les vignes étaient généralement onéreuses aux propriétaires. Des gens clairvoyants comme Chevalier poussaient aux essais, formulaient les mêmes vœux que nous, cherchaient des exemples en Bourgogne et en Champagne, condamnaient les vignes en foule, conseillaient la conduite en treilles basses et la taille à long bois, cherchaient à améliorer la fabrication du vin et inauguraient celle des vins de liqueur. Il n'y aurait pour quelques pages à ne changer que la date, et le docteur Guyot les eut signées. Les conditions économiques

seules ont subi des changements, très-instructifs d'ailleurs.
En un mot, quoique Chevalier dise modestement qu'il n'écrit
*que comme vigneron pratiquant pour ses compatriotes et
ses proches*, tout le monde trouvera dans cette lecture un
utile plaisir.

L. COSTE.

ŒNOLOGIE

OU

DISCOURS SUR LE VIGNOBLE ET LES VINS

DE POLIGNY

ET SUR LA MANIÈRE DE LES PERFECTIONNER

———~~~———

Le plant de la vigne mêlé parmi les autres arbrisseaux dont
Dieu avoit orné la terre n'avoit encore fourni aux hommes,
jusqu'au temps du Déluge, qu'un fruit délicieux à manger, sans
qu'ils en connussent les propriétés et l'usage pour en tirer une
liqueur réjouissante et un breuvage enchanteur. Dans le premier âge du monde, la terre ayant toute sa vigueur, et les sucs
des plantes n'étant ni affoiblis, ni altérés, l'homme n'avoit pas
besoin de cette liqueur pour le soutien et les agréments de la vie
et pour la réparation de ses forces.

L'Écriture sainte, qui nous apprend combien étoit grande la
dépravation du genre humain avant le Déluge universel, ne dit
point que l'abus dans l'usage du vin ait été l'une des sources de
cette corruption générale à laquelle, cependant, il eut sans doute
contribué, s'il eut été connu. Il semble donc que l'on puisse dire
que Dieu, qui est l'auteur de toutes les inventions salutaires,
comme il est le créateur de toutes choses, différa jusqu'au commencement du second âge du monde à faire aux hommes le
présent du vin ; alors la nature et les plantes affoiblies, la vie de
l'homme abrégée et ses travaux devenus pénibles et multipliés,
sembloient exiger de sa divine bonté quelques nouveaux secours.

Ce fut par le ministère de Noé que le Seigneur apprit à l'homme à exprimer du fruit de la vigne cette liqueur vivifiante qui le réjouit, répare ses forces, l'anime au travail, adoucit ses peines, dissipe ses chagrins, et devient ainsi l'un des principaux remèdes à son épuisement et à sa misère.

Cet illustre patriarche, le premier des vignerons, Noé, et ses enfants répandirent la culture de la vigne et l'art d'en faire du vin dans les heureuses contrées de l'Asie, d'où cette pratique et cet art salutaires passèrent dans la Grèce, et de la Grèce en Italie. De ces deux contrées Européennes la vigne parvint dans la Gaule, l'une des contrées de l'Europe où la température du climat est des plus favorables à sa culture. Les Gaulois s'y adonnèrent et furent réputés très-instruits dans les opérations qui concernent la façon des vignes et du vin.

On se persuadera aisément que les Séquanois, qui habitoient le païs situé entre le Haut-Jura et la Saône nommé dès lors la Haute-Bourgogne et aujourd'hui la Franche-Comté, ont été des premiers d'entre les Gaulois qui plantèrent et cultivèrent des vignes, surtout si l'on veut se donner la peine de concilier divers textes de César (1), de Tite-Live, de Pline et de Polybe, quelques endroits des mémoires de Gollut et de l'histoire de M. Dunod (2). Cet examen conduisant trop loin, je remarque seulement que, suivant Pline, la vigne, qui illustroit dans la Gaule le territoire de Vienne, recevoit depuis longtemps elle-même de l'éclat et du lustre de ses propres productions chez les Séquanois, les Auvergnats et en Helvétie. Il dit encore (3) que ce fut Hélicon, helvétien, qui ayant rapporté de Rome, où il avoit fait quelque séjour, de l'huile, des raisins et du vin doux, procura à ses compatriotes la connoissance de ces excellentes choses. Cette connoissance fut communiquée à leurs voisins; mais ce n'étoit pas assez pour ces peuples de les connoitre, il falloit s'en procurer la jouissance. C'est à leur goût pour le vin et à leur désir ardent d'habiter des climats qui le

(1) *Ager sequanus totius Galliæ optimus.* Si les côteaux et le penchant des montagnes qui sont dans ce païs n'eussent pas été cultivés en vignobles. César l'auroit-il regardé comme le meilleur de la Gaule?
(2) Goll., liv. 2, chap. 16. — Dunod, tom. 1er, pag. 4 et suiv.
(3) Liv. 17.

produisoient, que l'on attribue la confédération de plusieurs nations gauloises pour passer en Italie sous la conduite de Bellovèse. Après avoir battu les Etrusques, ils s'établirent dans le païs que nous appelâmes la Gaule transalpine, où ils fondèrent la ville de Milan dans une contrée qu'ils apprirent s'appeler Insubrie, nom que portoit une contrée chez les Eduens (comme on le lit dans Tite-Live, livre v), mais où l'on devroit lire, à mon avis, *chez les Aidiens*. Il y a apparence qu'il y avoit déjà, du temps de Tite-Live, une altération dans ce nom par la tradition, ou que les copistes de cet historien sont tombés dans l'erreur, trompés par la ressemblance des mots Eduens et Aydiens (1).

Les Gaulois Aydiens, au rapport de Polybe, habitoient le côté septentrional du Rhône, qui a son cours dans une plaine entre des montagnes (2), ce qui ne paroit convenir qu'aux peuples du Val-Rome, du Bugey, de la Bresse et de la partie méridionale du Comté de Bourgogne, où coule l'Ain, qui se jette dans le Rhône dans le Bas-Bugey. Bellay, capitale de ce païs, paroit même avoir pris le nom des peuples de la contrée (3) (4).

(1) Tite-Live ne parle de cette première expédition des Gaulois en Italie que sur la tradition : *de transitu in Italiam Gallorum hæc accepimus.* Dans le temps que cet historien écrivoit, les Eduens, ceux de l'Autunois, étoient fort connus à Rome, ainsi que les Séquanois. Y connoissoit-on de même les noms particuliers et distinctifs des contrées chez ces peuples?

(2) Voyez M. Dunod, tom. 1, pag. 5.

(3) Bellay. *Vallis Aydiorum.*

(4) Les Aydiens et les Insubres gaulois dont on avoit des notions lors de cette première émigration, sous le règne de Tarquin l'Ancien, étoient-ils encore connus sous ces noms, lorsque Tite-Live écrivoit sous l'empire d'Auguste, c'est-à-dire près de 600 ans après cet évènement dont la mémoire ne s'étoit conservée que par la tradition? Les Eduens avoient-ils même une contrée nommée Insubrie? C'est de quoi il n'y a aucune trace ni preuve. Leurs contrées sur les rivières, scavoir celle sur la Saône, s'appeloit *pagus Arebrignus*, et celle sur l'Ouche *pagus Oscarensis. In, one,* désignant des eaux et des rivières, et *insubre,* les habitants d'une contrée sur une rivière, il faut chercher ailleurs les Insubres gaulois, et chez des peuples dont le nom ait avec celui des Eduens une ressemblance qui ait fait prendre un peuple pour un autre. Tels étoient les Aydiens, dont le nom est tiré d'*aydia,* mot de l'ancien gaulois, qui désignoit une montagne.

L'Insubrie gauloise doit être reconnue, à ce qu'il me semble, dans les parties que l'on vient de nommer. L'un des cantons des Séquanois, celui où l'Ain a son cours, s'appeloit Scodin, et ses habitants étoient nommés Scodingiens, *Incola supra indim* (1), noms de même signification qu'insubrie et insubres (2). Il sera donc plus probable que la connoissance de la vigne nous est venue par l'helvétien Hélicon, et par les Insubres gaulois établis dans la Gaule transalpine, nos compatriotes d'origine, que de la faire arriver jusqu'à nous depuis Marseille par une communication de proche en proche, en remontant le Rhône et la Saône, comme l'a pensé et écrit l'auteur d'une œnologie moderne très-estimable (3). Cet ouvrage est rempli de quantité de faits historiques concernant la vigne et les vins, de vues patriotiques, de principes et de préceptes que l'on peut adopter pour la plupart : ces derniers sont peut-être un peu trop multipliés : l'embarras pour les mettre en pratique peut rebuter ceux qui mériteroient d'être adoptés dans la science œnologique.

Autant il est certain, suivant Pline, que les Séquanois ont été des premiers parmi les Gaulois à cultiver la vigne, autant il doit l'être que ce sont les habitants de la partie méridionale de la Séquanie qui ont eu cet avantage : cette contrée étant la plus voisine de l'Italie et même de Marseille, celle où il y a le plus de côteaux propres à sa culture, dont le sol et le climat y conviennent le mieux, elle a dans tous les temps donné des vins excellents qui ont eu de la réputation et qui la conservent au-dessus de tous les autres cantons du même païs (4).

Il s'est conservé avec quelque changement dans ceux d'*adole, adoule, adula, aydula*. La Rhétio commençoit à la montagne appelée *Adya*, et par quelques-uns *Adula*. Il y avoit chez les Grisons une montagne de ce nom. La plus haute montagne ou roche du Jura dans la partie méridionale du Comté de Bourgogne est nommée l'Adole, laquelle continue vers le midi du côté du Bugey. Alciat reprend Strabon d'avoir nommée *Adula* la montagne *Aydia* des Grisons, son véritable nom étant ce dernier. Le premier cependant a prévalu dans la suite des temps.

(1) *Indis* est le nom latin ancien de La R. d In.

(2) V. hist. de Pol., 1767, tom. 1er, diffcrt. 1re.

(3) Impr. à Dijon en 1770.

(4) V. ci-après, pag. 14 et suiv.

C'est dans cette contrée que l'on trouve les plus grands et les meilleurs vignobles du Comté de Bourgogne, scavoir ceux de Poligny, d'Arbois, de Salins et des villages de leurs districts. On distingue, dans le bailliage de Poligny, les vignobles de Saint-Lothein, de Grozon, de Bevilly, de Château-Chalon, de Menétru, de Frontenay et de Blandan. Dans le bailliage d'Arbois, ceux de Montigny-des-Arsures et de Vadan. Dans le bailliage de Salins, ceux de Mouchard et du Port-de-Lesney. La qualité du sol, la façon d'y cultiver la vigne et les espèces de plants dont ces vignobles sont garnis, sont assez généralement semblables; en sorte que les observations que l'on fera, en traitant ce qui regarde le vignoble et les vins de Poligny, pourront aussi convenir à ceux de ces autres lieux, si d'ailleurs elles y sont jugées dignes d'attention.

La ville de Poligny, ma patrie, a un si grand intérêt à se procurer de bonnes récoltes en vins, et en vins d'une qualité supérieure pour en augmenter le commerce et le débit, que j'ai cru ne pouvoir m'appliquer à rien de plus utile pour elle qu'à un traité œnologique particulier et à lui communiquer ce que l'étude et l'expérience m'ont appris sur la culture de la vigne et la façon de nos vins, d'après les instructions que j'ai apprises des vignerons propriétaires les plus intelligents.

Je ne m'étendrai pas davantage sur l'histoire de la vigne et les progrès de la culture de cette plante précieuse. Je ne m'arrêterai pas non plus à faire ici l'énumération de ses différentes espèces reconnues et détaillées dans les ouvrages des sçavants botanistes, ni à répéter ce que les auteurs anciens et les écrivains modernes ont écrit en physiciens sur sa structure, ses caractères généraux et particuliers, l'usage de ses parties, etc. Ces connoissances sont plus propres à satisfaire la curiosité qu'à procurer l'utilité dans la pratique. Ceux qui désireront de les acquérir peuvent les puiser dans les sçavants ouvrages de plusieurs écrivains anciens et modernes, tels que Columelle, Linœus, Tournefort, Adanson, la Maison Rustique, M. Maupin, M. Beguillet, de Dijon, et autres. Pour moi j'écris comme vigneron pratiquant.

L'auteur du Spectacle de la Nature fait un éloge charmant du vin et de son mérite (1). Il fait aussi ses observations sur la culture des vignes et la façon de faire les vins ; mais cet auteur, comme tous ceux qui traitent leurs sujets en grand, ou relativement à des climats particuliers, donnent des instructions sages à la vérité, mais tirées la plupart des méthodes propres à de certains cantons dont les vins sont réputés : instructions qui ne pourroient être mises en pratique dans plusieurs vignobles, sans que l'on y éprouvât que le mieux est quelquefois l'ennemi du bien.

Comme j'ai toujours pensé que les méthodes observées depuis un temps immémorial dans les grands vignobles étoient fondées sur le besoin, l'utilité ou les convenances, ensuite d'expériences suivies, j'ai lieu de croire aussi qu'il seroit dangereux et le plus souvent impraticable de changer en tout ces méthodes ou dans ce qu'elles ont d'essentiel ; qu'il suffit de les ratifier, de les perfectionner, de corriger les abus qu'une routine de vignerons ignorants a introduits et répandus, d'où naissent les préjugés, de conseiller des mesures pour que successivement et peu à peu l'on ramène les choses à quelques anciens usages qui nous seroient avantageux, enfin d'encourager les principaux propriétaires à faire quelques essais tendant à perfectionner la culture de nos vignes et la façon de nos vins.

Suivant ces vues, je destine un premier chapitre pour y traiter du vignoble de Poligny, de la qualité et des propriétés de ses vins et des espèces de plants que l'on y cultive. Dans un second chapitre on traitera de la culture de la vigne. Le troisième et dernier est destiné à des observations sur notre façon de faire les vins et sur des essais pour les perfectionner.

(1) Tome 2, pag. 324 et suiv.

CHAPITRE PREMIER

DU VIGNOBLE DE POLIGNY

I

De son sol, de sa situation et de son exposition

Le vignoble de Poligny est, avec celui de Besançon, le plus grand et le plus étendu de la province de Franche-Comté : il occupe sept montagnes ou collines élevées, auxquelles plusieurs monticules ou côteaux sont adjacents, tous parés de beaux vignobles qui forment à peu près les trois quarts d'un cercle autour d'un vaste et fertile bassin, au levant et à la tête duquel la ville de Poligny est située.

La température du climat y est très-convenable à la vigne, étant au 46ᵉ degré 30 minutes de latitude septentrionale ; car on a remarqué que les contrées situées entre le 40ᵉ et le 50ᵉ degré sont propres à produire de bons vins. La vigne, en effet, craint également les deux extrémités d'une trop grande chaleur et d'un trop grand froid. Elle ne réussiroit pas mieux sous la zone torride que dans le nord de l'Europe. Quoique notre climat s'approche plus du 50ᵉ degré que du 40ᵉ, et que l'on puisse, semble-t-il, y désirer une température d'air un peu plus chaud, les heureux habitants de notre canton doivent être contents parce que l'élévation, la pente et la bonne exposition de leurs vignobles suppléent à ce qu'on pourroit y souhaiter de moins du côté de l'élévation vers le pôle, outre que notre situation est la plus méridionale de celles d'où l'on tire les meilleurs vins du Comté de Bourgogne.

. Le seul canton que nous ayons en plaine, celui des *Perchées,* ainsi nommé parce qu'il étoit autrefois cultivé en treilles, est un sol en bonne terre fine, légère et couverte de cailloutages : il donnoit un vin excellent, corsé et généreux avant que l'on en eut changé les plants, de quoi j'ai fait l'expérience dans ma jeunesse. Malheureusement les vignerons, plus touchés de la quantité que de la qualité du vin, y ont substitué aux anciens plants, des plants étrangers, qui donnent de grands raisins et du moindre vin. Il y ont été invités par la nature du sol à portée de recevoir des engrais que l'on y conduit sans frais et à profit, par rapport à sa proximité de la ville et à sa situation en plaine. Nonobstant ce changement, le vin n'est point mauvais, et les vendanges qui en proviennent, cuvées avec celles des côteaux en bons plants, semblent contribuer à donner du corps et de la couleur à nos vins et à les rendre de plus longue garde : c'est du moins l'opinion du vigneron, opinion qui l'autorise dans le changement qu'il a fait.

Le sol de nos autres cantons, sur des collines et sur les rampes de nos rochers, est presque aussi varié qu'elles sont différentes entre elles-mêmes. Celui des vignobles sous nos montagnes est à la superficie un sol ferme, gras, mêlé de cailloux et de gros gravois, dont les couches inférieures sont à une certaine profondeur de marne, de glaise ou d'argile. Les collines détachées de ces montagnes et qui regardent le midi offrent un sol léger, sablonneux, mêlé de gravier menu, et, dans quelques parties, un sol de limon ferme et fertile; dans les collines qui regardent le couchant et qui sont au nord de notre ville, le sol est d'une terre brune, fine et grenée, réputée l'une des plus convenables à certains bons plants, tant pour le produit que pour la qualité des vins. Il y en a où le sol est, tant à la superficie que dans l'intérieur, d'une argile grise qui exige une plus grande culture et des défoncements plus fréquents pour en tirer un produit qui dédomage des frais de culture : si cette espèce de sol n'est pas fertile, il donne le meilleur vin.

Toutes ces contrées ont leur aspect soit au levant, soit au midi et au couchant : aucune ne l'a au nord, sauf quelques revers de petite étendue. Ces divers terrains sont tous propres à la culture des plants des meilleures espèces et à donner des vins estimables.

II

De la qualité et des propriétés des vins de Poligny

Je n'écris pas pour que ce mémoire et mes observations soient

communiquées à d'autres qu'à mes compatriotes et à mes proches.
Ils sont à portée de juger par eux-mêmes si mes sentiments patriotiques me séduisent et si j'ai voulu leur complaire. Ce qui est
bien certain, c'est que je suis fort éloigné de vouloir les tromper
en me proposant de leur être utile.

Si j'avance que le vignoble de Poligny produit et doit produire
le meilleur vin pour l'usage ordinaire, que ses vins ont eu la plus
grande réputation, que l'on peut les varier à son gré pour en
faire les délices des tables, je ne dis rien qui ne soit prouvé par
des titres multipliés, attesté par les écrivains anciens et modernes
et confirmé par l'expérience et des essais.

Parcourons ce qui s'en trouve dit et écrit et mon assertion ne
paroitra plus suspecte à personne. Elle conduit, je l'avoue, à
reprocher à mes concitoyens leur inattention, leur négligence et
leur facilité à s'être laissés séduire par les cultivateurs qui tour-
nent toutes leurs vues du côté du plus grand produit, objet seul
propre à les frapper. Ces vues toutefois sont pernicieuses et
dommageables aux propriétaires et aux vignerons, comme on le
fera remarquer en son lieu.

Venons aux preuves et aux faits qui constatent l'excellence des
vins de Poligny.

Je n'entends pas dire que tous nos vins soient aujourd'hui
généralement excellents, ni même qu'ils soient tous très-bons.
Depuis l'introduction de quelques plants étrangers, dans les
vignes des vignerons propriétaires ou emphithéotes, et la plantation de quelques nouvelles vignes au bas des côteaux où
dominent ces plants étrangers, il y a du choix à faire : ce mal
nous est commun avec les autres vignobles voisins. On prétend
seulement dire que nos vins choisis dans les bonnes caves, chez
les nobles et les bourgeois attentifs à ne pas souffrir le changement des anciens plants dans leurs vignes, sont excellents, des
meilleurs pour l'usage ordinaire, et que tout l'ancien vignoble
de notre ville est propre à en donner de tels, surtout s'ils sont
bien conditionnés et que les vendanges n'aient été faites que
vers la pleine maturité des raisins.

Pline, le sçavant Pline, auteur qui écrivoit dans le premier siècle

de l'ère chrétienne, fait, en plusieurs endroits de ses ouvrages,
l'éloge des vins de la province séquanoise, qui étoit le païs que
nous habitons. Il dit même agréablement, dans le xviie livre de
son histoire naturelle, en traitant celle de la vigne, que celle-ci
depuis longtemps tiroit de la gloire et du lustre de ses productions
en vins séquanois et auvergnats (1). M. Beguillet, de Dijon, auteur
non suspect sur ce qu'il dit en faveur des Bourguignons francs-
comtois, a fait remarquer, dans son œnologie, page 22, que les
vins des Gaules acquirent de la réputation depuis que l'empereur
Probe eut levé la défense que Domitien avoit faite d'y cultiver des
vignes, et que c'étoient principalement ceux de la province séquanoise, que Pline avoient déja loués, qui eurent de la célébrité
comme étant des meilleurs.

Quoique les Eduens fussent très-connus à Rome lorsque
Pline écrivoit son histoire naturelle, il ne nomme pas leurs vins
parmi les plus estimables. Pourquoi cela? Leur sol, leurs côtes
et leur exposition n'étoient-elles pas autrefois ce qu'elles sont
aujourd'hui? C'est qu'alors, sans doute, cette nation, qui occupoit
les contrées du duché de Bourgogne qui donnent à présent les
plus excellents vins, ignoroit quelles étoient les espèces des
plants de la vigne propres à faire des vins supérieurs : elle
méconnoissoit les méthodes en usage pour les façonner et ne
s'attachoit pas à se distinguer en ce genre par cette multitude
d'attentions et de précautions que la culture de la vigne et la
façon des vins paroissent exiger : peut être même n'avoit elle
pas encore de vignobles.

Le sol de Poligny, ses montagnes, ses collines, leur exposition
et leur aspect sont les mêmes qu'au temps de Pline : Pourquoi
ses vins, autrefois si renommés, le sont-ils moins aujourd'hui?
Pourquoi les vignes du duché de Bourgogne sont-elles pour cette
province une mine d'argent toujours renaissante, tandis que les
nôtres tendent, d'années en années, à devenir à charge? O mes

(1) « *Jam inventa vitis per se, in vino piceum recipiens, viennensem*
« *agrum nobilitans, Arverno, sequanoque et helvetico generibus non pridem*
« *illustrata.* » Pline, lib. xvii. Ce passage prouve tout à la fois et l'antiquité
des vignobles de notre province et la bonté de ses vins.

chers compatriotes, ouvrez les yeux et voyez !

Les chartes et les titres que j'ai fait insérer dans mes mémoires historiques sur la ville de Poligny, et d'autres que j'ai cités, montrent que, dès longtemps et des siècles très-reculés, nos souverains avoient leurs vignobles et leurs celliers à Poligny, d'où ils tiroient les vins pour leurs tables ; que de là ils en faisoient conduire dans les divers châteaux de la province où ils alloient passer quelque temps, et que c'étoit des vins de Poligny tirés de leurs caves, en cette ville, dont ils faisoient des présents aux rois et aux princes (1).

On me permettra de rappeller ici ce que j'ai déjà dit ailleurs (2), que l'on trouve écrit dans un compte de l'an 1374 que la Reine de France avoit fait présent au Duc de Bourgogne, étant en ost devant Bois Juhan, de deux muids de vin de Poligny tirés de ses celliers en cette ville, et que, dans un autre compte de l'année 1356, il étoit rapporté que, le Roi de France étant venu en Bourgogne pour y pacifier des troubles, on fournit tous les châteaux où il devoit séjourner des vins de Poligny, levés partie dans les mêmes celliers et partie achetés de quelques particuliers de cette ville. Il y est fait mention que ces vins furent conduits à Rouvre, à Argilly, à Salans avec précaution et sous l'inspection d'un officier de confiance (3).

On ne risque rien d'avancer, en conséquence de pareils titres, qu'il falloit que, dans le xive siècle, les vins du vignoble de Poligny égalassent au moins en bonté les meilleurs vins du duché de Bourgogne. Aussi les vins étoient soignés, cuvés et tirés comme on le pratique aujourd'hui chez les Bourguignons du duché. Plusieurs personnes de mérite et intelligents d'entre eux m'ont dit que, voyageant, ils avoient vu nos côteaux et qu'ils les croyoient aussi propres, que ceux de leur fameuse côte, à nous donner des

(1) Voyez ces mémoires tome 1er, pages 8, 9 et 10, plus une charte insérée à la page 69, sous la date de l'année 915, plus aux preuves, même tome, la charte sous le No 93, et tome 2, aux preuves, la charte No 3.

(2) Mém. hist. sur P., tom. 1er, pag. 10.

(3) Arch. de la Chambre des Comptes, cotte B₇382 et autres.

vins de première qualité. C'est ainsi que l'ont pensé plusieurs écrivains d'après l'expérience.

Gollut dans ses mémoires, page 16, a dit que « les vins de « Poligny mis en présence de ceux de Beaune, d'Italie, d'Es- « pagne et de la Grèce, pour faire une boisson ordinaire, saine « et agréable, emporteroient la victoire, ou du moins la leur « contesteroient. »

Il n'y a rien d'exagéré dans cette assertion, si l'on se place au temps auquel cet historien écrivoit. Elle est appuyée par Mérula, dans sa cosmographie (1), par Gilbert Cousin, Fodere, Jean Chevalier et M. Dunod, qui tous ont fait l'éloge des vins de notre ville (2).

Non seulement le souverain du pays y avoit ses vignes qu'il faisoit cultiver à ses frais, mais les abbés de plusieurs grandes abbayes et leurs religieux, non moins friands des bons vins que les Grands, marquèrent leur empressement pour y avoir des vignes. Telles furent les abbayes de Beaume, de Luxeu, de Lure, de Mont Benoit, de Balerne, de Rozières et le prieuré de Vaux. La plupart de ces abbayes y avoient des bâtiments et leurs celliers.

Les vins de ce vignoble peuvent être diversifiés, en conservant toujours un degré supérieur de bonté. L'on en fait du rouge, plus ou moins corsé, selon qu'on le désire, du tendre et léger, du

---

(1) « *Regio (Comitatus Burgundia) silvis, montibus, vallibus gratissima* « *vicissitudine spectatur variatá uberis agri, qui pecori alendo, faciendæ* « *segeti, arboribus serendis, vineis vini Laudatissimi sustinendis commo-* « *dissimus.* » Mérula, cosm. partie 2, lib. 3, cap. 45.

« *Pollinium. Ea porro urbs est sequanorum seu totius Burgundici comi-* « *tatus amœnissima, elegantissima, omnigena fructuum ubertate scatens.* « *Solum partim in planitiem exspatians, partim in colles assurgens multi-* « *plicem frugiferarum copiam explicat, vinearum maxime quæ in plurima* « *jugera longe lateque diffusæ, vinum suavissimum, ac totá Galliá germa-* « *niáque laudatissimum gignunt!* » Joann. Chevalier Polyhim. in Scholiis, page 317.

(2) Gilbertus Cognatus, *Descript. Burgundiæ superioris.* — Fodere, *Des- cription topographique des Monastères de St François.* — M. Dunod, *Histoire de l'église de Besançon*, tome 2, page 338.

clairet, du gris, du blanc, du vin de rosée et du vin de.liqueur.

Les rouges pour l'usage ordinaire réunissent, à ce qu'il me semble, dans un juste point les qualités des bons vins : la force, la légèreté et l'agrément. Ils s'éloignent également des deux extrémités, d'être trop tendres et de peu de garde, et d'être durs, acerbes et grossiers. Ils ont de la force et sont assez spiritueux, sans être trop vifs ou capiteux. Ils ont de la douceur et de l'agrément, sans être liquoreux. Je parle ainsi des vins des côteaux et en bons plants. C'est sans doute ce qui les faisoit si fort rechercher, et avoit fait dire à Gollut que pour faire une boisson ordinaire, saine et agréable, ils ne le cédoient à aucun autre vin étranger.

Le temps de leur boite le plus ordinaire et le plus convenable est depuis qu'ils ont trois ans faits, jusqu'à sept à huit ans. Plus tôt, ils n'ont pas acquis le parfum ni tout l'agrément que l'on peut en attendre; plus tard, il est dangereux qu'ils n'aient été trop dépouillés de l'esprit inflammable qui est l'âme du vin et qu'ils ne soient affadis.

Il n'est pas nécessaire d'observer que la température des saisons apporte quelque changement en mieux ou en moins à la qualité de nos vins et à ce que j'en ai dit; mais l'on remarquera qu'ils supportent le charroi et le transport au loin et qu'ils en sont bonifiés. Il en passe en Hollande ; on en conduit à Paris; on en a transporté par terre et par mer à Rome, où ils ont été trouvés délicieux. Ce qui est certain encore, c'est que, parmi les vins de France connus, ils sont de l'espèce de ceux qui, pour l'usage ordinaire, sont des plus salubres encore, comme l'historien Gollut le disoit déjà de son temps.

III

De l'espèce, nature et qualité des plants cultivés
à Poligny

Le climat, le sol et le plant sont les trois principales causes physiques de la bonté des vins. On vient de voir que, du côté du climat et du sol, les habitants de cette ville n'ont rien ou presque

rien à désirer. Je trouve que quelques écrivains ont pensé que la proximité des rivières, d'où il s'élève des vapeurs continuellement, contribuoit aussi à perfectionner le fruit de la vigne. Poligny manque de secours d'une grande rivière, mais sa plaine et le pied de ses côteaux sont arrosés par de petites rivières et plusieurs petits ruisseaux qui suppléeroient à ce qui lui manque de ce côté-là, si toutefois il étoit vrai que le voisinage des eaux fut avantageux aux vignobles. J'ai peine à me le persuader, lorsque je considère que les vins de Baume-les-Dames, de Besançon, de Dole, d'Ornans, de Pesmes et d'autres lieux qui sont sur nos plus grandes rivières, le Doux, la Loue et l'Ognon, sont grossiers, la plupart froids ou acerbes, tandis que les contrées de Riante, à Salins; les vignobles de Mouchard et des Arsures; la contrée de Foleney et d'autres à Poligny; les vignobles de Frontenay et de Château-Châlon, où l'on recueille les meilleurs vins de Franche-Comté, ne participent point ou peu des vapeurs qui s'élèvent des fleuves ou des rivières. Notre climat ne me paroit pas avoir besoin de ce secours.

C'est à la qualité du sol et à l'espèce des plants de la vigne que l'on doit attribuer à mon avis l'exellence de son fruit, à quoi si l'on joint la bonne méthode de façonner et de conditionner les vins, on sera parvenu à se procurer les meilleurs, les plus salutaires et les plus agréables.

Examinons à présent quels sont les plants de notre vignoble; nos voisins cultivent les mêmes.

Il y en a de bons, de mauvais et de tolérables. Multipliez, entretenez les bons, ceux que nos pères cultivoient seuls, proscrivez les mauvais, m'écrierai je, et de ceux que l'on peut permettre, réglez-en la quantité et fixez-en le séjour dans les endroits où ils peuvent convenir.

Tenons-nous en garde contre le vigneron passionné pour la quantité et l'abondance, qui appelle bons plants, par abus dans les termes, ceux qui donnent de plus grands raisins et qui croissent dans les terrains fertiles; il nomme aussi une vigne bien plantée celle où les mauvais plants dominent. Il en impose par là aux distraits et aux ignorants et séduit le bourgeois, qu'il fait sa dupe.

Nos aïeux, plus instruits que nous quoique l'on en puisse dire, dans l'art de l'agriculture, s'attachoient, par intérêt et sur leurs réflexions, à connoître ce qui leur étoit le plus profitable, chacun dans la contrée qu'il habitoit. Moins occupés que nous de frivolités, de jeux, d'objets de luxe et d'affaires ; moins accablés de charges et avec moins de besoins, ils avoient plus de loisir et en même temps plus de motifs pour s'adonner à faire valoir leur patrimoine. Les domaines, partagés alors entre un plus grand nombre de propriétaires, avoient aussi plus d'adeptes dans la connoissance de ce qui contribuoit à procurer la subsistance et l'aisance. On étoit moins physicien, mais plus observateur.

Il faut croire que, dans nos vignobles, une longue expérience et des essais réitérés avoient fixé le choix de nos pères à la culture des plants les plus convenables à leur climat et à leur sol, et les plus avantageux, soit par rapport à la consommation qu'ils faisoient eux-mêmes des productions de leurs propres vignes, soit par rapport au commerce et au débit de leurs vins. Aurions-nous des raisons assez puissantes pour être autorisés à nous écarter de la route qu'ils nous ont tracée ? Je ne le vois point encore.

Il n'y a pas un siècle que les vignobles de nos montagnes et de nos côteaux n'étoient garnis qu'en ceps de Noirins, de Sauvagniens, de Pelossards et de Béclans, avec un mélange de quelques Tresseaux, appelés ici *Troussez*, encore n'étoit-ce guère que dans les vignes de la plaine. Je nomme les plants sous la dénomination qu'ils ont sur les lieux ; mais on tâchera de les faire connoître par leurs caractères distinctifs.

S'il y avoit dans nos vignes quelques ceps de Muscats, de Malvoisie, de Damas et de Corinthiens, ces excellents plants, ainsi que quelques Chasselas, que le peuple appelle ici Valais blancs, n'y avoient place que pour satisfaire la curiosité et fournir des raisins pour le service des tables.

Le mélange des quatre anciens bons plants qui remplissoient notre vignoble étoit utile pour opérer les bons effets dont on a fait mention article 2, à la page 17. Le Noirin et le Pelossard seuls eussent rendu les vins trop doux et liquoreux. Le Sauvagnien leur donne du corps avec du feu ; le Béclan, de la vivacité et du brillant : l'un et l'autre contribuent à leur durée.

Aujourd'hui nos vignerons ont détruit presque généralement le Noirin, le meilleur de nos plants anciens, par cette seule raison qu'il mûrit avant les nouveaux plants qu'ils ont introduits dans les vignes, et que si on attend à le cueillir jusqu'à la vendange, il se vide, se dessèche, et souvent devient la pâture des mouches et des guêpes.

Vignerons meurtriers! qu'il vous sied mal de vous plaindre de ce plant? C'est à lui à vous reprocher de lui avoir donné la mauvaise compagnie à laquelle vous vous livrez par préférence. Il étoit autrefois associé à d'autres bons plants qui le suivoient de près. Rétablissez les choses sur l'ancien pied et vous éprouverez que vous ferez, dans un certain cercle d'années, des récoltes aussi avantageuses et même plus profitables que vous ne les faites avec vos plants étrangers. C'est ce que j'aurois peine à persuader, à présent que le préjugé est formé; cependant, si l'on vouloit calculer, entrer dans des détails touchant les frais, les dépenses et les prix, on seroit convaincu de ce que je dis.

Mon expérience et les mémoires que j'ai tenus m'ont appris que, dans le cours de huit années, les vignes en bons plants, convenables au terroir, rendoient, toutes choses d'ailleurs égales, autant que celles où dominent les plants grossiers ; et avec cela que les vignes sur les côteaux et en bons plants, si elles rendoient moins dans les années abondantes, elles donnoient souvent plus dans les années malheureuses que les vignes en mauvais plants qui, occupant ordinairement les terrains bas ou en plaine, sont plus exposés aux accidents.

Après le désastre de notre province à la suite des guerres et des pestes dont elle fut affligée dans le dernier siècle, la population y fut réduite au moins d'un cinquième; alors les vignobles demeurèrent incultes et en friche dans leur plus grande partie ; des étrangers sortis de la Savoie, de la Tarentaise, du Valais et d'autres cantons vinrent s'y établir. On se vit dans le cas, et l'on s'en tenoit heureux, de les engager par des baux emphithéotiques et perpétuels, à rétablir et à cultiver des vignes à partage des fruits au tiers, au quart, ou autre quotité moindre encore ; ces sortes de baux, que l'on appelle sur les lieux *ascensements*, sont communs à Poligny et plus que partout ailleurs dans la province.

Ces nouveaux hôtes, ainsi que les vignerons bourgeois avec qui on avoit traité sous ces conditions, s'étant dès lors regardés comme propriétaires incommutables des vignes baillées en emphithéotes, provignèrent les Tresseaux et les plants que l'on nomme Margillins, préférablement aux anciens bons plants, par l'appas d'une plus abondante vendange, et introduisirent ensuite le Valais noir, le blanc, qui est le Chasselas, et le plant que l'on nomme ici Moulan. Ce sont les plants que l'on ne répute pas mauvais et que l'on croit pouvoir souffrir en quantité médiocre dans notre vignoble, surtout dans de certains terrains peu propres aux espèces de première qualité. Les Valais, Moulans et Tresseaux ne sont pas même fort communs dans les vignes des bourgeois qui les font cultiver à leurs propres frais. Ceux qui, les premiers, ont fait et introduit ces changements, conduits par l'égoïsme, ne réfléchissoient pas que dans quelques années ils seroient imités par d'autres qui, séduits par des apparences d'un avantage de courte durée, augmenteroient le mal, enchériroient sur eux et rendroient leurs opérations préjudiciables à tous.

Quelques plants d'une qualité inférieure aux anciens, mêlés avec eux, ne donnèrent pas d'abord des vins sensiblement différents de ceux qui avoient acquis de la célébrité. Le mal ne s'accrut qu'en proportion de la provignure de ces moindres plants, de la multiplication des nouvelles vignes dans la plaine et dans le bas des côteaux où le sol est ordinairement gras et humide.

On ignore quel est celui qui, le premier, introduisit dans le vignoble d'Arbois le plant que nous appelons *Maudou,* et vulgairement *Maudo.* C'est avec le Farineux et le Foirard, les mauvais plants qui nous ont été communiqués, qu'il faut proscrire, et dont la police devroit arrêter la provignure et la plantation.

Quoiqu'il y ait des raisins de trois cents sortes, nous ne culti-

vons guère que les plants des espèces que j'ai nommées. Malheureusement c'est encore trop. Si l'on trouve dans les vignobles de
Poligny quelques autres plants, ils sont si rares qu'ils ne deman-
dent pas que l'on en fasse mention.

La connoissance des différents plants de la vigne qui se
cultivent dans une grande contrée, telle que nos vignobles de
Poligny, d'Arbois, de Salins et des villages de leur dépendance,
est un article de la plus grande importance, soit par rapport à
leur culture, à la taille, à la qualité des vins qui en sont le
produit et au point de leur maturité précoce ou tardive. Comme
ces plants ne sont pas connus souvent à très-peu de distance,
sous les mêmes noms que nous les désignons, il est à propos de
les faire connoître par leurs caractères distinctifs, qui sont leurs
feuilles, leur bois et leurs fruits.

Notre Noirin, que le vigneron nomme le petit Noirin, pour le
distinguer d'une autre espèce de Morillon moins estimable, appelé
parmi nous gros Noirin, est celui que les Bourguignons du Duché
cultivent dans leur fameuse côte, qu'ils nomment Pineau et franc
Pineau (1). Les Orléannois l'appellent *Auvernas*, parce que ce
plant leur est venu de l'Auvergne. Le bois en est rougeâtre. Les
feuilles sont presque entières, n'étant marquées que légèrement
de trois lobes, avec une double dentelure sur les bords; elles
sont cotonneuses et veineuses, et le pétiole en est rouge.

Quant au fruit, le suc en est doux, sucré, excellent à manger
et plus excellent encore pour en faire du vin. La peau du raisin
est fine et tendre. Le grain est d'un beau noir, serré communément sur la grappe. C'est un des plants de la vigne qui résistent
le mieux à la gelée et à la rigueur des hivers. S'il donne moins que
les plants plus communs, il donne plus de vin à quantité égale
de vendange : il le donne meilleur et d'un plus grand prix. Je
ne peux donc revenir de mon étonnement, de ce que, à Poligny, le
bourgeois, soit par ignorance, paresse et inattention, soit qu'il
se laisse séduire et diriger par ses vignerons, tolère que l'on
détruise un plant aussi excellent et aussi avantageux, pour y

(1) Œnol. Dijon. 1770. page 85.

substituer des Margillins, des Enfarinés et des Maudoux, plants aussi désagréables que leurs noms déplaisent.

Le Sauvagnien, que nous cultivons en assez grande quantité, me paroit être celui que l'œnologiste dijonois (page 88) appelle Morillon ou Pineau blanc, qu'on nomme ailleurs Sauvignon. Il paroit du moins avoir beaucoup de rapports avec le Pineau, ou Noirin. C'est un raisin aussi bon à manger, serré comme lui sur la grappe; le jus en est doux; il a du parfum; la peau en est dure et cassante; on y remarque souvent des petits filets rouges sur le grain quand le fruit est mûr et qu'il étoit exposé au soleil.

Le bois de ce plant est souvent panaché de rouge et de blanc ternes. Ses feuilles sont lobées, mais non pas constamment à cinq lobes, lesquels sont à peine marqués; en sorte que les feuilles en paroissent presque rondes, avec des dentelures sur leurs bords. Elles sont cotonneuses et veineuses en dessous et leur pétiole est rouge, de même que dans le Noirin.

Si cette espèce de plant est dans un terrain qui lui convienne, en côteaux bien exposés, dont le sol soit sur marne ou argile dans l'intérieur, et d'une terre fine et légère à la superficie, seul il donne un excellent vin blanc. Mêlé avec d'autres plants, il donne au vin rouge du corps, du feu et de l'agrément. C'est avec les raisins de ce plant que l'on fait les fameux vins de garde d'Arbois, de Pupillin, de Château-Châlon et de Saint-Lothein. La peau en étant dure, il est le plus propre à être conservé sur pied dans les vignes jusqu'après une gelée, où jusqu'à ce qu'il ait acquis, par un long séjour sur le cep, une extrême maturité. C'est d'où dépend principalement son mérite et celui du vin qui s'en exprime.

La troisième espèce de bon plant que nous appelons *Pelossard*, domine dans la plupart de ceux de nos côteaux où la terre est fine et grenée, ou forte et grasse. Il y avoit autrefois des vignes où l'on ne cultivoit et ne provignoit que ce seul plant. Son nom vulgaire est tiré de la ressemblance de son fruit avec la prune sauvage, tant pour sa figure ovale que pour la grosseur des grains, qui quelquefois égale celle de ces petites prunes que le peuple nomme *Pelosses*; ce qui me fait penser que notre *Pelos-*

sard est le même raisin que le *Prunelas* dont fait mention Olivier de Serres, auteur ancien. A Besançon et au-delà, on l'appelle *Arbois*, parce que probablement c'est du vignoble de cette ville que l'on a tiré des plants pour être portés plus loin du côté du nord ; mais le fruit de ce plant dégénère de sa bonne qualité dès qu'il est planté dans un terrain qui ne lui est pas convenable ; c'est ce qu'on éprouve en mangeant de ce raisin que les vignobles de Dole et de Besançon ont produit, en le comparant avec celui du crû de notre sol. Cette expérience prouvera toujours que rien ne contribue tant à la bonté des vins que le climat et la nature du sol. On peut partout acquérir des connoissances sur la façon des vins et y apporter de l'industrie ; mais le climat et la terre ne changent pas.

Ce raisin est doux, gracieux, bien fondant, a la peau fine, délicate et pleine de jus. Lorsqu'il réussit, il donne plus abondamment que tous les autres plants ; mêlé avec d'autres de bonne qualité, le vin qui en résulte est agréable et sain.

Le bois du Pelossard se panache de rouge et de blanc comme le Sauvagnien. Les yeux en sont médiocrement espacés. Il est principalement reconnoissable à ses feuilles qui sont fort sinuées, nues et d'un beau vert luisant. Elles sont à cinq lobes, à double dentelure sur chaque lobe ; le pédicule ou pétiole, comme le bois, panaché rouge et blanc.

Il y a des raisins rouges et blancs de cette espèce ; le blanc est moins estimé que le rouge : je dis rouge et non pas noir, parce qu'il est plutôt et le plus souvent de cette couleur, à moins qu'il ne soit parvenu à une très-grande maturité ; encore quoique bien mûr et noir à l'extérieur, s'il est présenté au grand jour, il paroit rouge au dedans.

Venons à la quatrième espèce de nos anciens bons plants. Nous l'appelons *Becclan* ou *Bacclan*, nom qui a beaucoup de ressemblance avec le nom du raisin que de Serres nomme Beccane. Quoiqu'il en soit, celui que nous cultivons est une espèce de Morillon dont le fruit n'est pas bon à manger (1), qui seul ne donne-

(1) Il n'est pas bon à manger ouï en temps de vendange, mais gardé et ridé, il est doux et sucré, ainsi qu'une expérience moderne vient de le montrer.

roit qu'un vin coloré, vif, brillant, mais un peu austère dans les commencements; mêlé avec nos Noirins, Sauvagniens, Pelossards et autres plants, il contribue à donner aux vins du feu, de la légèreté, du brillant, et à tempérer ce que les autres peuvent avoir de trop liquoreux.

Quoiqu'il soit fort différent du Noirin ou Pineau quant au goût, il lui ressemble en plusieurs choses, tellement que l'on peut s'y méprendre. Le bois en est rougeâtre comme celui du Noirin, les nœuds ou les yeux sur le sarment espacés de même, le fruit en est serré sur la grappe, les grains à peu près de semblable figure et grosseur. L'un et l'autre ont la peau fine et délicate.

Il y a quelque différence dans leurs pampres. Les feuilles du Béclan sont à cinq lobes sinués légèrement, le supérieur terminé en pointe et les quatre autres un peu arrondis. Le pétiole et la nervure se teignant en rouge.

Ce qui le distingue spécialement de quelques autres plants dont la ressemblance en approche, c'est que ses sarments jettent plus de vrilles au printemps que les autres plants, ce que nos vignerons appellent cornes ou fourchettes, et que, en automne, c'est l'espèce de raisin qui change le plus tard pour devenir noir et parvenir à maturité; néanmoins il y arrive aussitôt et même plutôt que d'autres : il ne lui faut que dix à douze jours depuis qu'il a commencé à changer, pour être à son point de perfection.

Nos vignerons rangent un plant qu'ils nomment *Grappenou* parmi les Béclans. Leur bois est assez semblable, leurs qualités pour le vin sont approchant les mêmes; ils opèrent les mêmes effets; beaucoup de gens préfèrent cette espèce à la première; cependant elle est moins commune dans nos vignobles. C'est de tous les plants que nous cultivons celui qui jette les plus petites feuilles. Elles sont presque rondes, à double dentelure, duvetées par-dessous, la nervure légère et le pétiole entièrement rouge. Il est d'un bois délicat, sujet aux gelées d'hiver.

Parmi les plants de médiocre qualité qui, mêlés avec de meilleurs raisins en juste proportion, n'altèrent pas les vins, nous comptons ceux qui s'appellent sur les lieux *Roussettes* ou *Moulans, Valais noirs* et *Troussés*. Aussi sont-ils assez bons à manger, quoique moins bons sensiblement que les Pineaux, Sauvagniens et Pelossards, et même que le Chasselas, dont le mérite consiste à être très-bon à manger et propre à être conservé pour orner les desserts; mais il ne donne pas du bon vin. Le Chasselas est ici nommé Valais blanc. Dans les villages du bailliage du Lons-le-Saunier, où on le cultive, on le nomme *Mourlan*, et dans le pays de Vaud, le *Fendant*.

La Roussette ou le Moulan est une espèce facile à distinguer, ayant des caractères très-marqués. La peau du raisin est cassante, il est bon à manger. Le bois du sarment est rougeâtre comme celui du Béclan. Ce qu'il a de particulier et le fait remarquer, c'est de jeter des bois plus courts que tous les autres plants, et une feuille d'un jaune paille qui le fait distinguer à l'œil de tous les autres plants, dont les feuilles sont vertes à la poussée du printemps. Celles de cette espèce sont à cinq lobes terminés chacun par une pointe fort aiguë.

Il y en a qui distinguent la Roussette du Moulan, d'autres les confondent et emploient indifféremment l'un et l'autre nom (1). On peut croire avec fondement que ce plant est celui qu'ailleurs on a nommé autrefois le Fromenteau, à cause de la ressemblance de la couleur du raisin à celle du froment. On ajoute que les grains sont ordinairement entassés et serrés sur la grappe et assez bons à manger.

Il me paroit qu'un mélange du tiers ou de moitié de cette espèce avec du Noirin, cueillis l'un et l'autre à la rosée et mis sous le pressoir tout de suite, nous donneroit un vin gris-blanc qui auroit le mérite de celui de Champagne, en y apportant les mêmes attentions et les mêmes soins que les Champenois donnent au leur.

Entre nos plants que j'ai nommés pour être de médiocre qualité, celui-ci doit obtenir le premier rang.

(1) On ne doit pas les confondre. Les raisins de la mauvaise espèce de ce nom, sont d'un jaune terne; ceux de la bonne espèce, d'un jaune paillé, avec des filaments ou veines rougeâtres, lorsqu'ils ont mûri exposés au soleil.

Le Valais noir, autrement le Luisant. — La culture de ce plant de vigne n'est pas fort étendue. Son nom pourroit être tiré de ce qu'il nous est venu du Valais; car souvent, faute d'autre connoissance, l'on a donné à certains fruits ou plants le nom des lieux d'où ils sont partis pour arriver à nous.

Celui dont je fais à présent mention donne un raisin dont les grains sont ronds, cassants, d'un beau noir luisant, difficiles à détacher de la grappe. Le vin qui en résulte est fort coloré.

Cette description du fruit seroit suffisante pour ne s'y pas méprendre, sans qu'il fût nécessaire de le désigner par le bois et les feuilles ; toutefois, par rapport à ceux qui pourroient le désirer, je ferai remarquer que son bois est gros, rougeâtre, plus même que les autres cépages, les yeux espacés comme le sont ceux du Pelossard, le pédicule long et rouge, les veines rouges sur la feuille, qui est fort cotonneuse par dessous.

Le plant que nous nommons vulgairement Troussey, qu'ailleurs on nomme Trousseau et Tresseau, a les feuilles d'un vert pâle, d'une forme un peu pointue et allongée, à cinq lobes marqués légèrement, quelquefois sinués, dentelés, duvetés par dessous, le pétiole couleur de chair ou rouge clair. L'écorce du sarment rouge, sans panache ; les yeux ou nœuds, fort apparents, espacés comme ceux des Pelossards et du Béclan.

Son fruit est serré sur la grappe, cassant, d'un beau noir à l'extérieur, rarement mûr dans la moitié du grain qui demeure rougeâtre. Son jus est assez doux, mais d'une douceur fade. Lorsque sa fleur passe bien, il donne beaucoup ; mais elle est délicate. La rosée et le soleil ardent qui survient, lui nuisent considérablement.

L'on peut ajouter aux plants d'une qualité médiocre celui qui s'appelle Margillin, pourvu qu'il soit planté dans des climats et à une exposition où il mûrisse bien ; car souvent tous les grains du même raisin ne sont pas également mûrs ; ceux qui sont les plus près du sarment auquel ils pendent, n'étant quelquefois qu'à demi mûrs, que le surplus est à son point de maturité. Le vin qui en provient est austère et acerbe ; mais il est de garde, et son fruit mêlé en petite quantité avec d'autre vendange de bons raisins et cuvé ensemble, n'y fait pas un mauvais effet. Je ne voudrois pas que la petite quantité que je crois tolérable excédât le vingtième de toute la cuvée; encore faudroit-il, je le répète, que cette espèce de plant eût acquis toute sa maturité.

On distingue ce plant à la poussée des raisins : il semble n'en montrer que de très-petits au printems ; à la suite les grappes s'allongent et donnent de grands raisins peu serrés ordinairement sur la grappe.

Le bois de ce plant dépouillé de ses feuilles est lisse, panaché considérablement blanc et rouge et difficile à mûrir, ainsi que le fruit, raison qui devroit suffire pour le faire bannir du plus grand nombre des contrées de nos vignobles. Ses feuilles d'un vert foncé ont cinq lobes, sinués, dentelés; elles sont cotonneuses en dessous, fort veineuses, avec de fréquentes rencontres ou réunions des veines. Leur pétiole se teint en rouge.

Les deux plants que des vignerons ont malheureusement introduits dans notre vignoble depuis quelques années et qu'ils multiplient lorsqu'ils sont maitres de le faire, s'appellent ici l'un l'*Enfariné*, l'autre le plant *Maudos*, et sont réputés mauvais.

L'Enfariné est ainsi nommé de ce que le fruit, aux approches de sa maturité, est couvert légèrement d'une espèce de fleur de farine grisâtre. La peau de ce raisin est grise elle-même, le grain en est gros, rond, peu serré sur la grappe; son jus est piquant, sans agrément et très-peu teint ; en sorte que le vin qui en résulteroit seroit léger, acerbe et peu coloré, s'il n'étoit fondu dans la cuvée avec des vendanges de raisins colorants.

Il se trouve des vignerons intelligents qui ne déprisent point l'Enfariné pour la qualité même du vin et qui en font cas par rapport à son produit.

Le bois de ce plant est rougeâtre, fort gros du courson, et finit presque en flèche.

Ses feuilles d'un gros vert, à cinq lobes dentelés, formant dans leur ensemble une espèce de rosette par leur disposition en rond, la cîme des lobes terminée cependant par une pointe aiguë, à gros côtages par dessous et à veinures fortes et fréquentes. Le pédicule se teint un peu en rouge.

Maudos. — C'est un malheur pour nous et notre vignoble que ce plant soit plus fructifiant que les bons et les médiocrement bons. Il n'a probablement cette propriété que parce que le tissu des ceps de cette espèce est lâche et admet une sève plus abondante, plus crue et moins élaborée. Aussi le jus de son fruit est-il plus insipide et plus aqueux que ceux de tous les autres plants que l'on a nommés auparavant. Ces défauts de qualité sont aidés par la nature du sol où il est le plus communément planté. Comme le vigneron ne l'a introduit que pour se procurer une vendange plus copieuse, il lui fait occuper les terrains les plus fertiles, les bas des côteaux ou les terres en plaine qui sont adjacentes, dont le sol est plus gras, plus limoneux et plus substantiel.

On distingue ce plant, premièrement, par ses feuilles à cinq lobes, terminés chacun en pointe très-aiguë, desquels celui qui occupe le milieu est considérablement plus grand que les autres. Les feuilles sont cotonneuses et veineuses par dessous et ont le pédicule blanc.

Secondement, il est distingué par son bois qui est gros sur toute la longueur du sarment, dont les yeux sont plus espacés qu'ils ne le sont dans tous les autres plants. Il jette les plus longs sarments et donne du fruit jusqu'au 5ᵉ nœud. Le pédicule du raisin est aussi plus long qu'on ne le voit dans les autres espèces.

Tels sont les plants qui occupent nos vignobles. On y en connoit beaucoup d'autres bons et mauvais ; les Muscats blancs et noirs, les Malvoisies, le raisin de Corinthe, tous de qualité excellente. Le Chasselas, que nous nommons entre vignerons *Valais blanc*, et qui, dans les vignobles du bailliage de Lons-le-Saunier, est appellé Mourlans ; le Foirard, mauvais raisin, mauvais vin. Le Gâmet, le plant d'Espagne ; mais ils y sont si rares que l'on peut dire qu'ils ne sont pour rien dans la composition et le mixte de nos vins.

CHAPITRE SECOND

DE LA CULTURE DE LA VIGNE

Que de travaux, de soins et d'attentions la culture de la vigne n'exige-t-elle pas? Dire cependant à nos vignerons qu'ils ne sont pas assez experts dans cette partie et prétendre les instruire, c'est les choquer. Rien toutefois n'est plus vrai que le plus grand nombre ignorent la bonne culture en plusieurs points. Ils font ce qu'ils ont vu faire avant eux et pensent qu'ils n'y peut avoir rien de mieux.

La culture de la vigne est nécessaire, non seulement pour qu'elle paye par ses productions les peines que l'on prend à la travailler, mais encore pour que le vin qu'elle donnera soit de meilleure qualité. Une vigne qui n'est pas cultivée dégénère et devient agreste : les fruits qu'elle produit participent au changement causé dans le plant par le défaut de culture.

Vins de vignes de gentilhomme, dit-on proverbialement, pour marquer que ce sont les meilleurs. On explique mal le sens de ce proverbe, si on entend dire par là que le vin des vignes mal cultivées ou négligées, comme peuvent l'être celles des seigneurs et des nobles qui n'y donnent aucune attention, l'emporte sur celui des vignes dont on prend soin. Ce qui se dit à cette occasion ne peut avoir une juste application que relativement à l'état d'une vigne qui, quoique cultivée, n'est pas trop couverte, ni chargée de ceps, mais où l'air et le soleil agissent librement sur le cep et le fruit. Il en est de la vigne comme des autres arbres et arbrisseaux dont les fruits ne sont pas aussi gracieux au goût lorsqu'ils sont négligés, qu'ils le sont, quand ils sont taillés et bien cultivés.

Quelle est donc la culture que la vigne exige dans nos contrées? Du moins quelle est celle qui y est en usage? La méthode en est bonne et appuyée sur l'expérience; il ne s'agit que de bien opérer.

La vigne demande a être travaillée en hiver, taillée et liée au printemps, labourée et ébourgeonnée dans la même saison, à recevoir d'autres labours en été, et à ce que l'on pourvoie, aux approches de l'automne, à procurer la maturité à son fruit. Chacune de ces opérations a besoin d'être bien faite et dans des temps propres et convenables. On fera quelques observations sur chacune d'elles.

I

Des ouvrages d'hiver

Ces sortes d'ouvrages consistent dans la provignure, la terrure, l'enlèvement et le report des terres. Rien ne contribue davantage à la fertilité de la vigne et à la maintenir en bon état.

Souvent la rigueur des hivers, qui sont longs dans nos contrées, fait périr des ceps : il faut les remplacer et remplir les vuides qu'ils ont laissés. D'ailleurs la vigne se cultivant du bas en haut, chaque année les terres descendent insensiblement; il est donc nécessaire pour prévenir son dépérissement dans les parties supérieures, d'en rechausser les pieds. C'est ce que l'on obtient en faisant des fosses et en provignant. La terre neuve que l'on tire de ces fosses, que l'on répand ensuite, augmente encore la fertilité du fond.

C'est une excellente méthode de vuider profondément les fosses à provins lorsqu'on y rencontre une profondeur de bonne terre pour terrer quelques parties de la vigne qui en ont le plus besoin, et que l'on a sous la main, ou à portée, quelques tas de pierrailles dont on puisse remplir les fosses jusqu'à la hauteur de la provignure à faire : la vigne aime à se reposer sur le terrain sec.

Pour provigner, on fait des fosses plus ou moins grandes, selon l'étendue des places vuides, ou dont on veut enlever les ceps; on leur donne le plus ordinairement deux pieds de profondeur. On y couche les ceps qui sont sur les bords, dont on a conservé les jets de l'année pour en faire autant de provins que l'on écarte et que l'on espace d'environ un pied et demi, ou deux pieds, suivant que le sol est plus ou moins fertile. Ce travail se fait à la bêche; l'on emploie dans les endroits où l'on rencontre l'argile dure ou de la pierraille, le pic ou la pioche. Il faut avoir soin que les ouvriers portent toujours la terre au dessus des fosses et qu'ils ne la déposent pas sur les bords. On la porte au panier, si c'est au proche, et à la hotte, si elle doit être portée au loin et plus haut. Le vigneron infidèle ou paresseux ne manque que trop souvent à observer cette règle et cette pratique : il épargne sa peine et son temps, et se préjudicie, ainsi qu'au propriétaire avec qui il doit partager la récolte.

Plutôt on se livre à ce travail, mieux l'on fait, parce que les terres levées des fosses par gazons se fusent pendant l'hiver; les gelées les réduisent en terre fine, et les vignes profitent, dans l'année même, d'une opération aussi utile; au lieu que si elle ne se fait qu'à la fin de l'hiver ou au commencement du printemps dans les terres fortes et grasses, le gazon qui n'est pas dissous rentre en masse, dans la terre, lorqu'on y donne le premier labour, et ne fait aucun profit, ou très-peu la première année.

Le temps le plus convenable, surtout dans les vignes marneuses ou de terre forte, c'est la fin de l'automne, les mois de novembre et de décembre; on peut bien attendre jusqu'en mars et avril à coucher les ceps dans les fosses, mais celles-ci doivent être faites avant ou durant l'hiver.

On doit bien se garder de provigner les jets qui sont sortis du tronc des ceps : les provins ne donneroient point de raisins. La raison en est sensible à ceux qui n'ignorent pas la structure de la vigne; le tissu de cet arbrisseau précieux est lâche, poreux, spongieux. La direction de ses fibres ligneuses est droite et verticale; c'est ce qui fait que la sève qui y entre au printemps est si abondante et qu'elle en sort en si grande quantité à la moindre incision que l'on y fait alors. C'est par les mêmes causes que la vigne tend si fort à s'élever en hauteur et que la sève se porte avec impétuosité vers les extrémités du sarment. C'est toujours aux boutons les plus éloignés du cep qu'elle se communique premièrement et en plus grande abondance, comme on peut le remarquer chaque année. Il est aisé de comprendre que dans les nouveaux provins cette sève se portera directement et avec force vers ceux qui sont les plus éloignés de la souche couchée, qu'elle n'abreuvera que foiblement ceux qui partent

immédiatement et obliquement de cette souche, et que la croissance qu'elle fournira aux premiers se fera aux dépens des
seconds, qui demeureront toujours foibles et affamés.

La fouille des fosses procure quelquefois un autre avantage.
On peut y rencontrer des terres d'une qualité différente de celle
de la superficie de la vigne. Il est connu suffisamment que le
mélange d'une terre légère, sablonneuse, avec la terre forte, ou
d'une grasse et limoneuse avec celle de la superficie qui seroit
pierreuse, sèche et aride, fait un très-bon effet. Il est très-utile
de ne pas manquer l'occasion de faire ce mélange.

Il arrive aussi qu'insensiblement les terres se portent dans le
bas des vignes en pente, soit par le labour des vignerons, soit
par leur propre poids, soit enfin par les eaux pluviales qui en
détachent les parties les plus fines et les entrainent dans le bas,
où elles sont retenues par les murs ou les haies qui les terminent.
Il faut donc quelquefois reprendre ces terres et les reporter plus
haut. On enlève pour cela les plants qui se trouvent dans ces endroits; on y fait une fosse dans la longueur du mur ou de la
haie et on y provigne. C'est ce que, sur les lieux, nous appelons
faire une *décharge*.

Ces travaux d'hiver sont tellement utiles qu'une vigne ne peut
pas être maintenue en bon état si, dans quatre années, elle n'est
pas fossoyée et terrotée entièrement, soit que cette opération se
fasse toute dans un seul hiver ou d'année à autre par parties.
Ces ouvrages contribuent aussi à une plus grande facilité pour
les labours nécessaires.

II

De la taille de la vigne

On a fait observer que, dans le bois de la vigne, la sève se
portoit avec abondance et impétuosité aux extrémités du sarment : l'on en a rapporté la cause. Il s'ensuit que, si on ne tailloit
pas la vigne, le bois prendroit une croissance considérable et
qu'il ne donneroit point ou peu de fruits. Il en est de la vigne
comme des autres arbres qui, lorsqu'ils sont trop vigoureux, se

3

mettent tout à bois. Ils ne donnent du fruit que sur les menues branches ; de même la vigne ne donne des raisins que sur les quatre ou cinq boutons les plus proches du bois sur lequel ils ont pris naissance.

La taille est donc une opération nécessaire, mais elle exige, comme pour les arbres, des connoissances que beaucoup de vignerons n'ont pas. S'ils opèrent bien quelquefois, c'est par routine ; faute de lumières sur cette partie essentielle, ils n'éviteront pas de tomber dans des abus préjudiciables.

Le traitement et la taille d'une jeune vigne nouvellement plantée ne sont pas de mon dessein ; plût à Dieu qu'ici et ailleurs on s'abstînt d'en planter, et que les anciennes ordonnances de notre province, qui défendent les nouvelles plantations en vignes, fussent exactement observées. Il n'y a déjà que trop de terrains occupés de cette sorte. Quelque bonne que soit une chose, le trop y est nuisible. *Ne quid nimis.* Les nouvelles vignes donnent pour l'ordinaire des vins qui n'ont pas de qualités ; elles retranchent une partie des terres à blé, dont la production est de première nécessité ; elles mettent en discrédit les vignes anciennes et les bons vignobles, et en font négliger la culture au petit peuple, qui est flatté du produit considérable d'une plantation nouvelle.

Si l'on veut s'instruire de ce qui peut concerner les manières de planter une vigne, de tailler, de cultiver et d'en traiter les jeunes plants, on peut avoir recours aux divers auteurs qui ont écrit sur ce sujet. Il y a tant de sortes de vignes et tant de climats différents qui exigent chacun qu'on y traite la vigne différemment, que ce seroit se jeter dans un examen et des discussions qui conduiroient trop loin, si l'on entreprenoit de toucher ce qui regarde cette partie.

Nos vignes sont de l'espèce de celles que les anciens nommoient *Pedata*, vignes à simples échalas. C'est de la taille de celles-ci dont j'entends dire ici quelque chose.

Quel est le temps propre à tailler la vigne ?

Quels sont nos plants qui peuvent être taillés différemment d'autres ?

Y a-t-il un choix à faire d'une taule ou flèche plutôt que d'une autre, pour être taillée, pliée en courson, que nos vignerons nomment courgée, et liée à l'échalas?

Notre façon de lier et de tailler la vigne est-elle préférable à celle de nos pères, qui tailloient et lioient la vigne en treilles basses, du moins dans une grande partie du vignoble de Poligny?

On est partagé sur la question de la préférence de la taille d'automne à celle du printemps. Plusieurs, et pour de bonnes raisons, estiment que la première est plus avantageuse : premièrement, parce qu'elle gagne du temps sur les ouvrages multipliés qui sont à faire au retour de la belle saison; secondement, parce que la sève ne s'écoule plus par l'incision de la taille, comme il arrive lorsqu'elle a été différée jusqu'en mars et en avril; troisièmement, parce qu'au moyen de la taille, la flèche, réservée pour être mise en courson ou autrement étant dégagée des sarments inutiles, acquiert plus de force et grossit.

Ceux qui la condamnent prétendent que l'on court des risques en taillant le bois de la vigne en automne, après la vendange, quoique le bois soit parvenu à sa maturité; que, s'il survient une gelée, des neiges, des frimats un peu considérables, la flèche taillée s'éclatera et toute l'espérance de l'année s'évanouira. C'est encore une maxime, parmi beaucoup de personnes, que la taille tardive procure plus de fruits que celle qui a été faite tôt. Je crois qu'il faudroit s'entendre et qu'on pourroit se concilier.

Parmi ceux qui condamnent la taille avant l'hiver, plusieurs conviennent que, dans les pays méridionaux où le climat est chaud, on a raison de la mettre en usage : elle se pratique en Provence et dans d'autres contrées voisines. Chez nous, la saison de la taille est généralement ou presque généralement fixée à la fin de février et au courant de mars. On voit cependant quelques vignerons diligents tailler çà et là quelques ceps dans leurs vignes environ la Saint-Martin. L'expérience ne leur a pas appris qu'ils eussent nui à ces ceps.

Notre usage ne se seroit-il point introduit à cause des occupations multipliées que nos pères avoient après leurs vendanges? C'est la saison des différentes chasses auxquelles ils se livroient sans distinction de condition et d'état, les bourgeois de Poligny ayant le droit de chasser dans toute l'étendue de la seigneurie de cette ville, qui étoit composée de vingt-quatre territoires. C'est la saison où l'on s'occupe des récoltes tardives, de ses cuves, de la préparation de ses futailles, du tirage des vins, du charroi des fumiers dans les champs, de les labourer et semer de froment. C'étoit le temps auquel on faisoit ses provisions de bois et d'échalas. Il n'en restoit pas pour s'occuper de la taille des vignes.

Il me semble donc que dans les années hâtives, lorsque le bois est mûr et dépouillé de ses feuilles, vers la Saint-Martin, et que le temps est doux, l'on pourroit utilement et sans risque tailler alors la vigne, surtout dans les côteaux abrités et exposés au midi. Il est difficile de trouver de bonnes raisons qui justifient la maxime que la taille tardive donne plus de raisins que celle qui auroit été faite avant l'hiver.

Il y auroit peut-être quelque raison de préférer la taille faite à la fin de mars à celle qui auroit été faite à la fin de février. Dans celle-ci, on expose encore la flèche aux gelées. Si les jours sont beaux, il peut survenir un mouvement dans la sève qui empêcheroit que la plaie faite par la taille ne se fermât, d'où il peut arriver, ou qu'elle se dissipera à la longue en trop grande quantité par l'incision, ou que les froides matinées de mars en arrêteroient la circulation et procureroient un engorgement, une obstruction dans les fibres poreuses de la taule, ce que l'on n'a point à craindre de la taille faite aux environs de la Saint-Martin. Sept à huit jours d'un temps doux, du moins sans gelée, suffisent pour dessécher la plaie de la taille. Si l'on craint qu'au printemps la sève ne soit trop abondante parce qu'elle ne perdra rien, et qu'elle ne donne du bois et des feuilles plutôt que du fruit, on peut, dans les vignes fertiles, tailler plus long, laisser un œil ou bouton de plus, afin que la sève soit partagée davantage ; ce qui probablement augmenteroit la production.

Quelques essais en petit pourroient faire connoître l'utilité de ces observations.

Pourquoi du moins ne pas pratiquer ce qui se fait en Bourgogne, où les vignerons enlèvent en automne, après la chute des feuilles,

les échalas de leurs vignes, retranchent des ceps tout le sarment superflu et ne conservent que les taules et les flèches qu'ils destinent à être taillées au printemps? Quels avantages cette méthode ne procureroit-elle pas? Economie sur les échalas, qui deviennent de jour en jour plus rares et plus coûteux; avancement des travaux du printemps suivant, qui sont souvent contrariés ou retardés par les intempéries de cette saison; liberté des ceps qui, n'étant plus assujettis et liés aux échalas, et cédant aux impressions de l'air agité, sont, par là même, moins exposés à être chargés de neige et de verglas, et conséquemment moins sujets à souffrir de la gelée dans leurs boutons et même dans leurs pieds.

Cette opération *d'élaver la vigne*, comme on l'appelle en Bourgogne, y est estimée très-utile. Notre climat est à peu près le même : nous avons des expositions semblables et peut-être plus favorables par rapport à ce travail.

Soit que l'on taille en automne ou au printemps, il ne faut pas attendre que ces saisons soient avancées, crainte qu'en automne la gelée ne survienne d'abord après la taille et ne fasse éclater le bois, et qu'au printemps la sève qui monte alors avec force et abondance ne perde trop par une incision tardive. Quoique certains écrivains aient donné pour maxime que la taille faite tard est plus propre à donner du fruit que celle qui a été faite tôt, et que ce soit l'opinion de quelques cultivateurs, je crois que cette maxime doit être entendue sainement, en faisant une distinction des vignes fertiles de celles dont le terrain est léger et délicat, telles que le sont les nôtres; que dans celles-ci la taille hâtive est plus profitable, et que l'on peut, en taillant nos vignes en automne, laisser plus de taules sur le cep ou les tailler à plus d'yeux si l'on craignoit que la sève ne fut pas assez partagée en ne fournissant qu'à une seule taule. Suivant l'auteur de l'œnologie que j'ai cité, qui n'est pas favorable à la taille d'automne dans les climats plutôt froids que chauds, c'est la bonté du terrain qui doit décider de la quantité des flèches que l'on peut réserver sur un cep.

Qu'y auroit-il donc à risquer si, en taillant en automne, on conservoit plus d'une flèche sur certains ceps vigoureux et fertiles,

ou si on les tailloit à plus de nœuds, on auroit la liberté au printemps d'en retrancher une ou de les réduire à un moindre nombre
de boutons. Il semble qu'il n'y auroit qu'à gagner à le pratiquer
de la sorte.

La remarque a été faite depuis longtemps, parmi les vignerons
attentifs, qu'une sève trop abondante, si elle n'est pas affoiblie
par une distribution en plusieurs rameaux, enfle d'abord considérablement les nœuds de la taille, d'où sortent de beaux raisins
qui fleurissent bien, mais dont les fleurs ne tiennent pas. C'est ce
qui arrive souvent à la plupart des arbres qui sont trop vigoureux.
Ils montrent au printemps l'image d'une grande abondance, qui
s'évanouit tout-à-coup par la coulure des fleurs dont ils étoient
couverts.

On peut donc traiter la vigne comme les habiles jardiniers
traitent leurs arbres, auxquels ils retranchent des racines ou
laissent plus de bois lorsqu'ils s'aperçoivent qu'ils ne se mettent
pas à fruits pour être trop vigoureux et abondants en sève. Ce
dernier parti est le seul praticable pour la vigne.

L'usage le plus général dans le vignoble de Poligny est de ne
conserver qu'une taule sur chaque cep, pour être taillée à cinq à
six yeux ou bourres et pliée ensuite en arceau. Il n'est pas bon de
tailler à plus de nœuds. Souvent on taille à un moindre nombre
lorsque le cep est foible, que la vigne n'est pas fertile ou qu'elle
a été négligée.

Une pratique de quelques vignerons expérimentés est de laisser
sur certains ceps trois flèches, la première, la seconde et la troisième, venues sur la coursée de l'année, de les tailler seulement
à deux yeux chacune, d'attacher l'inférieur à l'échalas sans la plier
en arceau, les deux autres se soutenant d'elles-mêmes. C'est ce
qu'ils appellent *tailler en cornes*, façon et méthode qui donne
plus de fruit, du meilleur, parce qu'il mûrit mieux, et des facilités
pour raccourcir les ceps l'année suivante. La taille doit être faite
en pied de biche, de façon que les pleurs de la vigne en sève ne
tombent pas sur les boutons. Cette façon est louée et conseillée

dans les journaux économiques de Berne (1), mais elle n'est pas de nécessité.

On ne doit choisir, pour la taille et en faire coursée, que le second ou le troisième brin crus sur le bois de l'année précédente et rejeter le premier, celui qui est le plus près de la souche, quoiqu'il paroisse plus fort, plus gros et mieux nourri. L'expérience a appris qu'il ne donnoit pas du raisin, ou que s'il en donnoit c'étoit en moindre quantité et du petit. Quelle peut être la raison de cette singularité? N'est-ce point une suite de l'observation qui a été faite ci-devant, savoir : que la vigne tendoit à s'élever en hauteur et à s'allonger ; que la sève se portoit avec force et impétuosité vers les extrémités de ses sarments, où elle travailloit d'abord et disposoit les yeux à devenir des boutons à fruits. Elle travaille cependant d'autant plus foiblement et plus tard sur le nœud ou l'œil qui est le plus voisin de la souche, qu'elle n'y agit que par reflux des extrémités vers le principe d'où elle tire son origine.

Cet œil, qui prend sa croissance verticalement, est moins propre que les plus éloignées, qui sont plus inclinés à recevoir la quantité de sève nécessaire pour être rendu fructifiant.

La taille faite, on lie la coursée à l'échalas après l'avoir courbée et pliée en arceau ; mais c'est une question qui partage les cultivateurs, de savoir si ce pliage est avantageux; il est en usage dans de certains pays et proscrit dans d'autres.

Lorsque je considère que, à Besançon, les vignes sont en treilles et par rangées et qu'on y recueille une plus grande quantité de vendange que dans les nôtres, quoique notre sol ne le cède point en bonté à celui de cette capitale; quand je vois que, dans l'Auxerrois, où le vin est bon, et dans bien d'autres contrées, on cultive la vigne en treilles basses et simples, je suis fort porté à croire que notre méthode de cultiver nos vignes à plein et de courber en arc la taule pour l'attacher à l'échalas, n'est pas la meilleure. On remarque qu'ici même ceux qui ont de la vigne dans des clos la disposent en treilles et y font des récoltes abondantes. Lorsque

(1) Année 1766, partie 2, page 167.

nos vins avoient la plus grande réputation de bonté, nos principales contrées en vignobles n'offroient que des vignes sur perches
et des treilles, d'où sont venus les noms de Perchées et de Troil-
lets, que ces cantons conservent encore de nos jours (1). Ce n'est
pas à dire que ces contrées fussent les seules qui fussent traitées
de la même façon ; on est persuadé qu'il y en avoit plusieurs
autres, mais qui ont conservé leurs dénominations primitives, ou
à qui on en a attribué de spéciales, relativement à des circonstances particulières. La plupart des anciens noms de nos contrées
ont disparu.

Ces différentes considérations me confirment dans ma pensée.
L'œnologiste dijonois (page 202) dit que la méthode de courber
la taille en arc est vicieuse pour les raisons qu'il en donne et
qu'on peut lire dans l'ouvrage ; mais bonne ou mauvaise, il seroit
aujourd'hui difficile de la changer, si ce n'est dans quelques
vignes négligées, tombées en ruine et qu'on replanteroit à neuf.
Dans un pareil cas, on feroit bien, à mon avis, de la replanter par
rangées et par filées, de la cultiver de même et de la tailler et
lier en simples treilles basses, en forme de contre-espaliers.

On doit juger par tout ce qu'on vient d'observer que la science
de la taille est de la plus grande importance et que les propriétaires devroient y être instruits, afin de connoître si leurs cultivateurs opèrent bien et de pouvoir leur donner des instructions sur
cet objet.

Après que la vigne a été taillée et liée, on doit la labourer en
temps convenable ; c'est le sujet de l'article qui suit.

(1) J'ai appris des anciens qu'ils avoient vu dans la contrée des Perchées
plusieurs quartiers en treilles : c'étoit vers le milieu du siècle dernier. J'ai
vu moi-même des titres, dans les archives des PP. Dominicains de Poligny, où
il est fait mention d'une certaine étendue de terrain en vigne, sous le nom
d'une *treille de vigne*. La contrée dite *Trouillot* étoit bien disposée et propre
à être cultivée en treilles. Son nom ancien est *Troillet* (*). En patois nos
vignerons prononcent *troille* pour treille. On peut conclure de là qu'autrefois
la vigne y étoit liée en treille.

(*) Voir Mém. hist. sur Poligny, aux preuves, tome 2, page N° 128.

III.

Des labours de la vigne

Suivant la coutume locale de la ville de Poligny en usage dans les vignobles de son ressort, tout cultivateur de vignes doit y faire des labours déterminés, savoir : une journée en travaux d'hiver par chaque ouvrée ; cette journée est fixée à un certain nombre de provins convenablement espacés ; on porte la terre tirée des fosses à provigner sur un certain espace de terrain, dans les parties de la vigne supérieures à la fosse dont cette terrure provient. Le cultivateur doit ensuite labourer la vigne en temps convenable, cinq fois dans deux ans, avec l'outil nommé vulgairement *bigot*, c'est-à-dire que chaque année elle doit être cultivée de deux coups de ce fer et, de deux années l'une, l'être de trois.

Faire le premier labour se nomme *fossurer*, l'on appelle le second *biner* ou *rebiner,* le troisième *tiercer*. Il doit encore, ce cultivateur, ébourgeonner la vigne, ce qu'on appelle en Bourgogne *ébrousser* et parmi nous *effeuiller*. Je réunis sous cet article ces diverses opérations.

Le temps de fossoyer la vigne ou de la fossurer, comme parlent les vignerons, commence à la mi-avril et continue jusqu'à la mi-juin. Fossoyer, *vitem ligone proscindere* (1), c'est ouvrir et labourer la vigne avec le *bigot*, mot tiré de *ligo*. On ne peut guère commencer trop tôt ce premier labour, surtout si l'on se propose de cultiver sa vigne de trois coups de houe ou bigot dans l'année et que le temps et la saison se montrent favorables ; ce temps favorable arrive rarement dans nos climats avant la S.-Vernier, patron des vignerons, fête qui tombe au 26 d'avril. Ce sont les cultivateurs négligents ou chargés d'une culture trop étendue qui attendent à faire ce premier labour au mois de juin. Plutôt la terre a été ouverte et mise en état de profiter des rosées et des influences du ciel, plus on favorise la croissance du bois, des feuilles et des fruits de la vigne, en leur procurant un plus

(1) Dictionnaire de Trévoux, au mot *fossoyer*.

bel et plus prompt accroissement; on les avance aussi vers le point de leur maturité et de leur perfection (2), ce qui n'est pas le moindre des bons effets que l'on attend d'un labour hâtif, puisque rarement ici, comme dans bien d'autres lieux, on diffère à faire vendange jusqu'à la parfaite maturité des fruits. Heureux celui de qui les vignes ont une avance de quelques jours sur la généralité des autres.

Ce premier labour est pénible, car, pour être avantageux, il doit être profond autant que l'outil qui y est employé le permet. Il est difficile qu'on puisse en faire usage de tout son fer dans une terre ferme; elle le devient si la vigne a été cultivée pendant plusieurs années sans qu'on y ait fait des fosses et des provins. Ces fosses et les travaux d'hiver, outre le défoncement de la terre en divers endroits, fournissent une terrure qui, répandue à la superficie, rend la vigne plus facile à être labourée à la profondeur convenable.

Dans quelque temps que ce premier labour se fasse et dans quelque sol que ce soit, il est à propos que l'on choisisse de beaux jours, surtout pour les terres fortes et grasses. Si ces terres sont travaillées, étant déjà humectées, et qu'il survienne de la pluie l'un des deux jours immédiatement suivants, ce labour n'est pas profitable à la vigne, si même il n'y est pas nuisible. Le vigneron qui veut employer son temps s'occupe immédiatement après les pluies à houer les vignes en gravier et en cailloutages. Il feroit cependant mieux, pour la bonne culture de ces vignes, de la différer d'un jour ou deux; mais on ne peut le condamner de ce

(2) Dans la vigne tout se suit. Si on procure le prompt accroissement du bourgeon, on procure conséquemment que le raisin entre en fleurs plus tôt, devient ensuite plus tôt verjus et que le fruit parvient plus tôt au point de sa maturité, que le bois mûrit aussi de bonne heure avant le retour des frimas, ce qui le met hors d'atteinte des gelées hâtives, telles que celles qui sont survenues ici en novembre de cette année 1774. Le bois étant mûr tôt, on peut tailler la vigne en novembre; mais la principale observation qui naît des avantages certains ici rapportés est qu'on ne devroit cultiver que les plants qui mûrissent tôt, soit pour le fruit, soit pour le bois. Avec une bonne culture et la science de la taille, l'on feroit d'aussi bonne récolte que sur les mauvais plants.

qu'il cherche à avancer ses travaux, auxquels il ne pourroit pas suffire le plus souvent s'il négligeoit de profiter du temps tel qu'il se présente et de l'employer.

Le second labour, qu'en termes vulgaires on nomme le *binage* ou *rebin*, et le troisième, appelé le *tiercement*, sont assujettis aux mêmes règles et aux mêmes principes. Il faut observer seulement qu'on ne doit pas mettre plus d'un mois d'intervalle d'un labour à l'autre, et qu'il faut bien se garder d'attendre à faire le dernier labour par la chaleur, si les raisins sont en verjus. Les vapeurs brûlantes de la terre au commencement d'août et la poussière qui s'en élève sont nuisibles aux fruits de la vigne.

On dit proverbialement dans nos contrées que *fossurer tôt et biner tard, c'est mettre la vigne en désert.* Cependant, comme il est avantageux de faire les labours de bonne heure, suivant qu'il a été remarqué ci-devant, et que si les deux premiers labours ont été faits avant la Saint-Jean, la vigne ne manque pas de se charger d'herbes, il seroit bien utile de donner toujours ou presque toujours le troisième coup, nommé le tiercement, dût-on ne le faire que légèrement et uniquement pour déraciner les herbes, lesquelles n'étant pas arrachées, s'élèveroient, épuise-roient les sucs de la terre et feroient ombrage aux fruits (1).

Il n'est pas hors de propos de faire connoître l'outil dont le vigneron se sert dans nos bons vignobles pour les labours de la vigne, puisqu'en Bourgogne, dans le pays Messin, dans quelques quartiers de notre province même, on y emploie des outils con-formés différemment de celui que nous appelons *bigot*. Il y en a de deux sortes, l'un dit le pointu, parce que ses branches se terminent en pointe ; l'autre est appelé bigot simplement ou bigot plat, parce que ses deux branches sont aplaties et tran-chantes vers les extrémités.

Sa forme et sa tournure est la même que celle de la serfouette des jardiniers, en sorte qu'on pourroit dire que le bigot est une

---

(1) Les maîtres en agriculture conseillent de ne point travailler quelque plantation que ce soit pendant la fleur. Il faut donc que le second labour de la vigne précède la fleur ou qu'on attende à le faire que les fruits soient noués.

grande, forte et robuste serfouette, laquelle a environ sept à huit pouces de hauteur et quatre pouces de largeur entre ses deux branches. Dans celui qui est plat, les branches sont aplaties et se terminent en s'élargissant; dans celui qui est pointu, les branches sont arrondies; on se sert de celui-ci dans les vignes en graviers et cailloutages, et de celui-là dans les vignes terreuses ou dont le sol est friable.

Si cet outil est moins expéditif, il a des avantages sur celui qu'on appelle *maille* à Besançon et dans les environs, sur le fessou, dont on se sert en Bourgogne, et sur le hoyau, qu'on emploie dans le pays Messin et ailleurs; avantages, au reste, qui sont relatifs à la nature du sol. La maille, par exemple, qui est faite en triangle avec une pointe allongée, convient au vignoble de Besançon et à ceux des environs; le sol étant léger, graveleux et les vignes cultivées par rangées, le bigot n'y conviendroit pas, parce que souvent la terre qui se trouveroit entre les deux branches de l'outil ne seroit pas cultivée et tournée, faute d'adhérence et de ténacité des molécules de la terre. Le bigot dont nos cultivateurs font usage enlève la terre de la largeur du vide entre ses branches, la renverse par gazons et fait moins descendre la terre remuée que la maille. On peut avec cet outil cultiver les ceps tout autour et en arracher les herbes sans briser leurs racines.

Ebourgeonnement ou l'ébroussé

Un autre point important dans la culture de la vigne, c'est de faire à propos et convenablement l'opération d'ébourgeonner, ce qu'on appelle en Bourgogne *ébrousser* et dans nos vignobles *effeuiller*.

Cette opération consiste à jeter bas les nouveaux jets qui ne portent pas du fruit ou que l'on ne veut pas conserver pour la taille de l'année suivante.

Le temps pour la faire est court et précieux. On se propose par cette opération de donner du jour et de l'air aux ceps par le retranchement des pampres inutiles, de procurer par là plus de nourriture et de sève aux branches à fruits et plus de force et de vigueur aux brins qui doivent être réservés pour la taille de l'année qui suivra. Ce dernier objet est l'un des plus essentiels. La vigne, comme les autres arbres, fait son fruit en même temps qu'elle produit ses bourgeons et ses branches ; il se forme dans les nœuds de ses sarments des germes d'où doivent sortir les branches à fruits pour l'année suivante ; mais pour que ces germes soient fructifiants, il faut qu'ils soient nourris et vigoureux ; c'est ce que l'opération qui nous occupe procure ; d'où il est aisé de conclure qu'on ne peut la négliger sans un grand préjudice.

La difficulté est de fixer le temps précis auquel elle doit être faite. Tantôt, et dans les années hâtives, ce doit être sur la fin de mai, tantôt, et lorsque les années sont tardives, ce n'est que dans le mois de juin. Ce que l'on peut ajouter de plus positif, c'est qu'il faut attendre que l'effluence de la sève soit près de cesser ; il est un temps où la nature comme épuisée semble faire une pause et suspendre cette grande effluence de sève pour réparer ses forces. Elle se ranime un peu pour disposer les fruits à la fleur.

Il seroit à souhaiter que l'on pût saisir cet intervalle pour l'opération de l'ébourgeonnement ou de l'ébroussé, comme on le nomme en Bourgogne. Il est trop tôt de la faire lorsque la sève est encore dans une forte effluence, parce qu'elle se dissiperoit par les plaies faites aux ceps, et que d'ailleurs la vigne jetteroit ensuite beaucoup de druges et de fausses pousses. Si l'on attend que les raisins soient en fleurs, il est un peu tard ; bientôt après, la sève est sans forte action, elle est comme morte jusqu'à ce qu'elle soit ranimée au mois d'août ; dès lors le temps n'est plus guère suffisant pour fournir au bois et aux germes à fruits l'embonpoint, si l'on peut parler ainsi, et la perfection nécessaires ; en conséquence, on s'expose à faire manquer la récolte de l'année suivante en bonne partie.

Ces opérations et les labours dont on a fait mention étant faits, les vignerons n'entrent plus guère dans les vignes jusqu'à la vendange, si ce n'est pour relever quelques échalas que les vents ou le poids des fruits auroient renversés et quelquefois pour retrancher les extrémités des sarments qui forment un bouquet touffu, faisant obstacle à l'action du soleil sur le raisin.

On agite la question de savoir si le fumier est profitable dans les vignes et si l'on doit y en employer. On convient assez uniformément que s'il procure la quantité, il diminue la qualité du vin ; que les herbes s'engendrent après le fumier et qu'il attire des insectes ; enfin que ces herbes nuisent à la croissance et à la maturité des fruits. Tout cela est vrai ; mais nonobstant, il y a des vignes qui ne peuvent s'entretenir en état qu'avec le secours de quelques engrais, telles sont nos vignes en cailloutage assises sur la rampe de nos rochers. Le principal mérite de ces vignes est d'être d'un bon produit et de donner même de très-bon vin ; mais elles ne peuvent être d'un produit considérable qu'en leur fournissant des matières fertilisantes : marcs de raisin, fumiers, pailles folles ou autres sortes d'engrais ; ainsi l'on peut dire qu'ils sont profitables et comme nécessaires dans ces sortes de vignes. Mais si l'on veut avoir égard à la qualité des vins, ce qui est très à propos, il faut garder quelque tempérament. On ne devroit mettre du fumier que dans les fosses et sur la provignure. Il y est utile sans être nuisible à la qualité de la récolte, parce qu'il est consumé et en terreau lorsque les provins donnent du fruit à leur seconde année. Le marc des vendanges peut et doit être moins ménagé. C'est un très-bon engrais, qui n'occasionne pas les mêmes inconvénients que le fumier. Celui-ci devroit être réservé pour les jardins et les champs. Au reste, il ne faut pas se plaindre, à Poligny, de l'abus du fumier dans les vignes. On y en met peu et rarement dans les vignes, même de l'espèce de celles qui en ont besoin. L'on ne pense pas seulement à en mettre dans les autres dont le sol est d'une terre ferme, grasse, fine ou grenée : celles-ci sont le très-grand nombre.

C'est un des principaux avantages des vignobles de Poligny d'être la plupart en côteaux et en pente, bien exposés, d'un sol médiocrement fertile, et cependant de pouvoir être entretenus en état par la seule culture convenablement faite et par la provignure annuelle, tandis que, dans beaucoup d'endroits, il faut des engrais, et dans d'autres, arracher les souches, pour replanter tout à neuf après quelques années de repos.

CHAPITRE TROISIÈME

OBSERVATIONS

SUR LA FAÇON DE FAIRE LES VINS A POLIGNY ET SUR DES ESSAIS
FAITS ET A PERFECTIONNER

Il y a une infinité d'attentions qui concourent à la perfection des vins : le climat, le choix des plants, du sol, de son exposition, la bonne culture faite en temps convenable, la taille bien entendue, le soin de tenir les ceps espacés suffisamment et de procurer aux raisins la maturité nécessaire. Ces points ont été touchés et expliqués, mais ce n'est pas tout : la récolte, la fermentation et le cuvage, le soin des tonneaux, le soutirage des vins et mille autres attentions concernant ces objets ne contribuent pas peu à donner des qualités supérieures à nos vins. Malheureusement, quoique rien ne nous manque du côté du climat, du sol et de ses expositions, personne ou presque personne ne s'attache à seconder, par les soins et l'industrie, les faveurs de la nature ; nous sommes d'autant plus négligents en cette partie qu'elle a fait davantage pour nous.

Lorsque l'impatience de vendanger s'est emparée du cœur d'un certain nombre de gens, il se fait un cri. *Il est temps de visiter le vignoble et de régler les bancs de vendanges*, crie-t-on de divers quartiers de la ville. L'un dit : les raisins de ma vigne pourrissent déjà, et cela souvent n'est pas, ou s'il y a quelques raisins gâtés, ce n'est point par excès de maturité, au contraire, c'est par défaut d'air et de chaleur et parce que la vigne est trop touffue et couverte. Un autre dit que chaque récolte à sa saison, que celle de vendanger est arrivée dès que la fête de S¹-Denis (9 octobre) est passée. Un autre dira que les raisins ne profiteront plus à la vigne. La crainte des pluies, de la gelée ou de la chute des feuilles fait tenir à plusieurs un langage et des propos qui tendent à manifester la démangeaison qu'ils ont de faire vendange. On en vient

aux plaintes et aux murmures. Enfin le magistrat cède aux clameurs. Un officier municipal, peu connoissant à la maturité des
fruits et au degré auquel elle doit être, visite les vignes accom-
pagné des gardes, vignerons aussi impatients de vendanger que le
gros du peuple, et de plus intéressés à être délivrés le plus tôt de
la garde des vignes.

On tient une assemblée où ces gardes sont entendus. Il n'y a
que trop de bourgeois qui ne voient que par les yeux de leurs
vignerons et de ces gardes, ou qui, ne faisant qu'une cuvée des
vins qu'ils recueillent sur les territoires voisins et de ceux qu'ils
auront sur le territoire de la ville, arrangent nos vendanges en
conformité de ce qui convient à leurs intérêts.

Les vendanges sont résolues et fixées (il est bien rare que ce ne
soit toujours une huitaine trop tôt). Combien de fois n'ai-je pas
vu que l'on a été obligé de les retarder? Je n'ai jamais été dans
le cas de voir qu'on les ait avancées, preuve non équivoque de
précipitation.

Les jours de vendanger arrivés, qu'il fasse beau temps ou qu'il
pleuve, le vigneron mène les vendangeuses à la vigne et vous
force à faire désagréablement de mauvaises vendanges. Il s'est
préparé, dit-il; s'il ne vendange pas et qu'il diffère, il craint que
sa vigne ne soit livrée au pillage. Il a d'ailleurs des vignes à vendanger le lendemain dans une autre contrée.

L'étendue du vignoble de Poligny oblige à le diviser en huit,
neuf et dix contrées pour la cueillette des fruits; ainsi, à cause
de la cessation des travaux le jour de dimanche qui intervient et
de l'interruption causée par de fortes pluies qui surviennent, on
fait vendanges ordinairement pendant douze à quinze jours.

Heureusement nous avons l'usage d'égrener les raisins à la
vigne, ce qui diminue beaucoup la quantité de verts dans la
vendange. Ils demeurent attachés à la grappe et le vigneron y
gagne; il s'en sert pour faire sa boisson dans le temps des travaux. Ce n'est peut-être pas le moindre des motifs qui le portent
à désirer que l'on vendange avant la pleine maturité des raisins.
Il profite seul de ceux qui demeurent attachés aux grappes. Grand
abus, qui donne lieu à bien des fraudes.

Toute la récolte, sans distinction de climats, de plants et sans attention aux pluies survenues, se met dans de grands vases de chêne, successivement et comme elle arrive. Quand un vase est rempli, si l'on a encore des vendanges, on en remplit un second; mais celui qui n'en a que pour une cuvée demeure quelquefois douze à quinze jours à la faire.

Au bout de quelques jours, on foule la vendange dans la cuve pour mêler un peu les raisins afin qu'ils fermentent tous ensemble; la chaleur des premiers recueillis se communiquant aux derniers vendangés, on prétend que le foulage contribue à donner du corps, de la couleur et de la fermeté aux vins.

Quand la fermentation est sur sa fin, que l'ébullition a cessé et que le marc est affaissé, on broie fortement ce marc avec les pieds pour le serrer et le rendre ferme, ou bien on le bat avec le siège d'une sellette que l'on tient par l'un des pieds, on le presse contre les parois et les douves de la cuve et l'on attend, pour tirer le vin, qu'il soit refroidi et clair jusqu'à un certain degré. Les uns le laissent sous le marc un mois, d'autres six semaines, chacun suivant son idée. Nous n'avons point à craindre, comme ceux qui ne font pas égrapper, que nos vins contractent le goût acerbe et se chargent des sucs grossiers de la grappe.

Quoique bien des gens soient prévenus contre notre méthode de laisser aussi longtemps nos vins sous le marc et qu'ils s'autorisent de l'exemple des Bourguignons, des Champenois, de nos voisins même, qui tirent les vins au bout de quatre, cinq à six jours de cuvage, je crois que, dans l'état actuel des choses, nous faisons bien d'attendre le vin sous le marc jusqu'à ce qu'il soit refroidi et clair. On entend bien qu'il est question du vin commun ordinaire, destiné aux ventes et à supporter le charroi à quarante et à cinquante lieues de nous.

Il me paroit qu'un volume considérable de vin qui fermente encore lentement sous une masse de marc, épaisse de deux et trois pieds, pressée, lutée même avec des cendres, de la chaux détrempée ou de la terre glaise, comme plusieurs le pratiquent, ne doit pas perdre de son esprit vineux plus qu'il n'en perdroit étant tiré après quelques jours et divisé en plusieurs futailles,

4

dont il faut laisser les ouvertures sans bondons pendant que la
fermentation s'y achève. C'est cependant la seule crainte de la
dissipation de cet esprit vineux qui fait blâmer notre méthode
par ceux qui ignorent comment elle est mise en usage; elle nous
procure quelques avantages : le marc des raisins fournit encore
quelque peu de vin, et celui qui s'égoûte dans le bas n'est pas le
moindre, mais le plus doux et le plus sucré. Le vin se nourrit
sous le marc et se colore; la lie s'affaisse; le vin en est dépouillé;
on le met en tonneau étant clair, ce qui nous dispense du soutirage, qui affoiblit toujours un peu le vin. Il suffit d'observer qu'on
met dans un tonneau particulier les premières seillées et les dernières qui sortent louches de la cuve, et c'est la seule pièce à
soutirer.

Autrefois, à la vérité, dans le xive siècle, nous faisions des
vins tendres, excellents, que l'on ne laissoit cuver que quatre
jours. Pour la récolte des vendanges, le cuvage, foulage et tirage
de ces vins, on se conduisoit ici comme l'on fait aujourd'hui en
Bourgogne; mais les choses sont changées, nous avons introduit
dans nos vignes des plants qui mûrissent plus tard et qui ne donnent pas des vins aussi délicats. Il a donc fallu changer de méthode.
Il n'y a que quelques personnes qui, faisant faire un triage et un
choix des meilleurs raisins de la qualité de ceux que l'on cultivoit
tout communément autrefois, font usage de notre ancienne méthode pour quelques pièces de vin qu'ils réservent pour leur
table et pour des occasions particulières; ce qui leur réussit
admirablement.

Dans notre méthode actuelle, il y a beaucoup à réformer, du
moins à perfectionner.

Il faut réduire les objets à quelques chefs principaux, savoir :
à la maturité des raisins, au cuvage et à la fermentation, au tirage
des vins et au soin des tonneaux. Ces parties bien traitées ne
manqueront pas d'acquérir à nos vins une supériorité qui en
procureroit un plus grand débit et en augmenteroit le prix.

Ce chapitre n'ayant pour sujet que la façon des vins et des
observations pour la perfectionner, on n'y dira rien du choix des
plants qui contribuent essentiellement à la bonne ou à la mauvaise

qualité des vins; on s'en est expliqué suffisamment dans le premier chapitre de ce traité, où l'on a donné à connoître quels sont les plants que nous devons cultiver et quels sont ceux que l'on doit proscrire et rejeter. Je tiens donc pour supposé que celui qui souhaite de donner de la perfection à ses vins aura eu l'attention de s'opposer à la provignure des mauvais plants, à la trop grande multiplication des plants de médiocre qualité, et que, s'il a des vignes où dominent les mauvais plants, il en destinera le produit pour la boisson de ses domestiques, ouvriers et métayers, après en avoir fait faire une cuvée à part.

OBSERVATIONS

CONCERNANT LA MATURITÉ DU RAISIN

Ecarter les obstacles à la maturité, ne pas se livrer à la démangeaison que le vigneron a de vendanger tôt, l'arrêter, s'il est possible, lorsque le temps n'est pas propre à faire vendange, voilà à quoi l'on peut borner les observations concernant la maturité des fruits de la vigne et le temps de vendanger.

C'est une bonne pratique d'arracher des vignes les herbes qui y sont crues depuis le dernier labour; non-seulement elles se nourrissent des sucs qui devroient faire grossir les raisins, mais elles leur dérobent encore les rayons et la chaleur du soleil et entretiennent une sorte d'humidité et de fraîcheur dans la vigne. Il y a des contrées où l'on n'oublie point, chaque année, de faire cette opération qu'on appelle *esherber*.

A combien plus forte raison doit-on s'opposer à l'abus pernicieux que le vigneron a introduit de semer des féveroles, nommées haricots, dans nos vignes. Il est étonnant que ni la police, ni les particuliers ne visent point à abolir une coutume aussi préjudiciable. Le vigneron, qui s'est attribué injustement cette espèce de récolte, perpétue cet abus. O quelle indolence de la part des propriétaires! rien ne nuit tant aux fruits de la vigne; pour ménager cette plante, la vigne est mal labourée dans les environs de la place qu'elle occupe. Arrivée à sa croissance, cette plante s'attache aux sarments et aux pampres et souvent couvre le cep; elle lui dérobe les favorables regards du soleil, sans lesquels le raisin ne peut mûrir; par dessus cela, elle a pris sur le fruit de la vigne les sucs et les sels qui devoient le nourrir et le faire grossir. On ne parle pas des vols et des friponneries que la récolte des haricots occasionne.

Lorsque le cep est trop couvert de pampres et qu'il est trop touffu, il est à propos de rogner les extrémités des sarments au-dessus du fruit et de le décharger des bois et des pampres inutiles pour lui procurer de l'air, du jour et y faire jouir les raisins des rayons bienfaisants de l'astre qui répand la lumière et la chaleur.

Une même voix sort de toutes les bouches des écrivains, des personnes sages et des gens expérimentés; un même sentiment est exprimé par toutes les plumes pour nous avertir que, pour faire de bons vins, il faut que les raisins soient mûrs et bien mûrs; leur maturité procure même une plus grande quantité de vin.

C'est un principe naturel, avoué par tous les écrivains sur la matière que nous traitons, confirmé par l'expérience et des exemples récents, que moins le vin est vert, acide, aqueux, plus il est chaud et contient d'esprit; que plus le vin perd de son acidité, plus il acquiert des qualités qui font les vins délicieux; et, en conséquence, que c'est la maturité des raisins qui lui enlève la verdeur et la crûdité de la sève.

Considérons les qualités qu'eurent nos vins de 1745, 1749, 1753 et 1766. On croit que les vendanges étoient trop mûres, que l'on avoit trop différé à vendanger; cependant jamais, de la connoissance des personnes de ces temps, nous ne fîmes à Poligny de meilleurs vins. Qu'est-ce qui donne de la supériorité à nos vins de garde de Château-Châlon, de Saint-Lothein et d'Arbois, à ceux de paille et à nos vins de Pineaux, sinon la parfaite maturité des raisins?

Nos Noirins ou Pineaux l'acquièrent sur le cep par la qualité précoce de leur espèce, qui parvient à sa perfection huit ou dix jours plus tôt que les autres plants cultivés dans nos vignobles.

Les autres l'acquièrent par un séjour d'un mois et de six semaines à la vigne au-delà du terme des vendanges, ou pour avoir été gardés sur des clayes dans les appartements.

Que l'on compare les vins de ces bonnes années avec ceux que nous fîmes en 1751, 1763, 1765 et 1772, que les vins étoient verts, foibles, aqueux, et l'on conviendra que l'on perd tout en se hâtant de vendanger et qu'il n'y a qu'à gagner à attendre la maturité du raisin (1). Surtout que l'on se garde bien de vendanger, comme l'on fit en 1772, lorsque le bois et les feuilles de la vigne conservent leur vigueur et leur verdure; nous avons fait à peu de chose près la même faute cette année 1774. Un retardement de huit jours nous eût procuré des vins exquis, au lieu que nous avons été un peu trompés par les apparences de maturité que les raisins montroient cette année-ci.

Nous avons une espèce de plant, c'est le Béclan, qui doit nous servir de boussole pour nous diriger vers le point de maturité nécessaire. Nos anciens ont remarqué que le raisin de cette espèce ne devient noir que fort tard, mais que, dès qu'il commence à le devenir, il parvient à la maturité en dix ou douze jours.

Le temps de penser à faire fixer les vendanges ne doit commencer que lorsque le Béclan est entièrement changé; alors qu'on fasse la visite du vignoble, qu'on tienne les assemblées à ce sujet, que l'on règle les bans et qu'on observe d'en faire publier le règlement huit jours francs avant l'ouverture des vendanges, suivant que les ordonnances de la police dans notre province l'ont statué, et l'on fera la cueillette des fruits de nos vignes à propos, car toutes ces opérations emporteront au moins une quinzaine. En use-t-on ainsi ?

On peut ajouter que, dès que les fruits de la vigne ne sont ni pourris ni infectés de la moisissure, ce qui n'arrive jamais dans

---

(1) L'expérience fait voir que le raisin grossit toujours jusqu'à sa parfaite maturité. Cette année 1774 l'a prouvé évidemment. A vendange les grains étoient petits. Ceux qui ont fait garder des raisins dans leurs vignes ont remarqué au mois de novembre qu'ils étoient devenus sensiblement plus gros.

les vignes en côteaux et aérées, on ne risque rien d'un excès de maturité jusqu'à certain point.

Si le Béclan est notre moniteur par rapport au vrai temps de la récolte, la verdure des pampres de la vigne et la continuation de la monte de la sève fournissent une indication certaine que l'on n'est pas arrivé au temps de la faire, cette récolte; tandis que la sève est abondante, elle est crue et noyée d'eau; le corps muqueux, doux du raisin, lequel cueilli dans cet état ne peut donner qu'un vin foible et de peu de garde.

Disons encore que, lorsque le raisin n'est pas à son point de parfaite maturité, on perd sur les marcs, qui ne rendent pas autant d'eau-de-vie que lorsque les vendanges ont été mûres et déchargées d'une sève aqueuse. Pourquoi cela? N'est-ce pas parce qu'ils fournissent moins d'esprit vineux? Autre preuve de l'avantage qu'il y auroit à n'ouvrir les vendanges qu'après la pleine maturité des fruits de la vigne.

Nonobstant l'évidence des raisons, la certitude des faits et les expériences suivies, l'on voit, chaque année, au retour des approches de la vendange, une populace, sourde à la voix de la raison et n'écoutant que celle de son impatience, recommencer ses clameurs et ses murmures; je n'en suis pas surpris. La peur est l'une des plus puissantes passions qui dominent les hommes; la crainte des accidents et du mauvais temps les agite. C'est une troupe d'aveugles volontaires qui prennent le parti de se faire un préjudice certain et notable, par la crainte qu'ils ont de souffrir un mal à venir, incertain et peu ordinaire; mais ce qui m'étonnera toujours, c'est de trouver des honnêtes gens faits pour réfléchir et raisonner; les uns par esprit de parti ou de contradiction, d'autres par des motifs d'arrangements et de facilités pour faire leurs vendanges successivement en divers lieux, qui se prêtent aux désirs impatients du petit peuple et sacrifient ainsi à leurs vues et à leurs motifs leurs propres intérêts et ceux de leurs compatriotes.

Un autre point essentiel à observer pour procurer à nos vins la perfection dont ils sont susceptibles, seroit de ne pas permettre à nos vignerons de vendanger les jours qu'il pleut. Il y a dans

notre ville un usage établi que, tous les matins, durant les vendanges, un crieur public annonce la levée du ban d'une certaine
contrée, de l'autorité du chef de la police. Rien de mieux ; mais
il seroit à désirer qu'on ne livrât jamais les vignes à la vendange
lorsqu'il pleut actuellement ou que le temps est disposé à une
pluie prochaine dans la même matinée. Il n'est pas difficile
d'imaginer le mal qui résulte de la vendange faite par la pluie,
surtout chez nous, où l'on égrenne les raisins à la vigne dans de
grands cuveaux. L'eau qui tombe du ciel, celle qui est reçue
dans les seaux des vendangeuses et que les raisins chargés de
gouttes de pluie y déposent, se mêle avec la vendange et le moût,
en augmente considérablement les parties aqueuses ; le vin qui
en est le produit est foible, insipide, sujet à se gâter. Si la pluie
devient forte et que les vendangeuses soient obligées à quitter
leur travail, il s'ensuit un désordre et une confusion préjudiciables, principalement aux propriétaires. Les vignes de ce jour
ne sont vendangées qu'à moitié. Il faut y retourner le lendemain,
qui est occupé par la récolte et la vendange qui se fait dans une
autre contrée, souvent très-distante de celle qui n'a été vendangée
qu'à demi le jour précédent. Les voitures pour le transport des
vendanges sont plus rares et plus chères ; les vignes sont endom-
magées et foulées ; la fleur de la terre emportée par les pieds des
vendangeuses et des porteurs ; souvent les raisins sont sâlis et
boués, ce qui nuit encore à la qualité du vin. Si on vouloit tout
dire et tout approfondir, l'on découvriroit bien d'autres inconvénients ; mais le principal est de se priver de faire des vins aussi
bons qu'ils l'eussent été, si l'on eût fait vendange par le beau
temps. Il n'y a donc point de meilleur parti à prendre que de
différer la cueillette des raisins jusqu'à ce que les pluies aient
cessé. Je ne me suis jamais aperçu que deux ou trois jours de
pluies, même continuelles, aient gâté ou altéré le raisin mûr et
prêt à cueillir.

Une continuité de pluies pendant trois à quatre jours, dans le
temps de la vendange, seroit un accident fort rare en Franche-
Comté, où les automnes sont ordinairement fort beaux dans leurs
commencements.

OBSERVATIONS

La plupart des personnes qui ne font des vendanges qu'en médiocre quantité ne font qu'une cuvée, dans un grand vase proportionné pour la teneur à la quantité du vin qu'ils espèrent de leur récolte. Ils le remplissent chaque jour, et souvent de deux ou trois jours l'un, des vendanges qu'ils recueillent; en sorte que leur cuve se remplit à diverses reprises, pendant une douzaine de jours, des vendanges de bons et de mauvais plants, des vignes des côteaux et de celles des bas, de vendanges mûres et mal mûres. On dit, et il est vrai, que les vendanges cuvées toutes ensemble dans un grand vase donnent plus de vin que cuvées séparément dans de moindres vases. Il est rare que les petits vignerons aient plus d'une cuve et d'une cuvée.

On sent bien qu'une telle méthode doit nuire à la qualité des vins. C'est un mixte de bon, de médiocre et de mauvais qui ne peut pas être parfait. La fermentation commencée des premières vendanges est interrompue ou retardée autant de fois que l'on y en met des fraîches, souvent froides et chargées de rosée.

La fermentation est ce qui fait les vins; sans fermentation, le jus des raisins demeureroit moût, qui n'est qu'une liqueur douce, fade, lourde et sans agrément. C'est par la fermentation que le moût est changé en vin et devient une liqueur piquante, légère, spiritueuse et agréable.

Dès que la fermentation est essentiellement nécessaire pour opérer ce changement, elle ne doit être ni retardée ni contrariée. La nature ne veut pas être gênée dans ses opérations; si elle l'est, ses productions en souffrent. Que conclure de ces principes? que l'on ne devroit faire cuver ses vendanges que dans des vases d'une grandeur moyenne, proportionnée à la quantité des vendanges que l'on prévoit pouvoir recueillir dans trois jours consécutifs au plus. On conçoit aisément que les premières vendanges seront déjà cuvées plus qu'à demi et qu'elles auront déjà fermenté, que celles qui y seront ajoutées dix ou douze jours après seront encore fraîches et entières; il arrive de là qu'une cuvée de cette sorte ne doit pas donner une liqueur aussi pure et aussi bien fondue que celle qui seroit formée de fruits cueillis dans le même temps, pour fermenter ensemble avec les mêmes degrés de chaleur.

Qu'il seroit à souhaiter que plusieurs de nos compatriotes, qui n'ont pas des devoirs d'état à remplir ou qui ont beaucoup de loisir, s'adonnassent à tout ce qu'il convient de faire pour perfectionner nos vins; ils rendroient un grand service à leur patrie et ils se procureroient de l'aisance par le débit sûr qu'ils auroient, et à un haut prix, des vins auxquels ils auroient donné une qualité supérieure. Les commerçants, à qui il en coûte autant de droits d'entrée dans les villes, de traite hors de notre province et de frais de voiture pour les vins les plus communs que pour les plus exquis, n'hésiteroient pas de payer cher des vins parfaits, et nous pouvons en faire.

Si les honnêtes gens vouloient s'entendre et se concilier, ils pourroient, par des échanges et autrement, se procurer de grandes pièces de vigne, au lieu d'en avoir un grand nombre de détachées. Ceux dont les vignes s'avoisineroient pourroient faire, à peu de frais, garder leurs vignes pendant quelques jours seulement, afin d'avoir la commodité de faire leurs vendanges à plusieurs reprises, par le beau temps ou à temps convenable; mais je n'espère pas que mes souhaits s'accomplissent, quoique ce que l'on conseille seroit plus praticable qu'on ne se l'imagine. Tout paroit montagne à qui ne veut faire aucun effort.

Si du moins les lois de la police locale étoient observées et exécutées, on pourroit laisser les fruits des vignes sur pied pendant quelques jours et faire ses vendanges avec plus de liberté et d'avantages. La défense aux étrangers d'entrer dans les vignes avant trois jours expirés depuis l'ouverture de chaque ban, se renouvelle chaque année, mais on ne veille pas sur les contrevenants.

Faire observer les fripons, les punir sévèrement et sans exception de qui que ce soit; que les gardes et les messiers ne fussent déchargés et libres des fonctions de leur emploi que quinzaine après le dernier jour des vendanges réglées, ce seroit peut-être des moyens suffisants pour arriver au but que l'on se propose.

Il faudroit aussi pour une plus grande facilité à faire ce que l'on voudroit, que les propriétaires fissent cultiver à leurs frais quelques pièces de leurs vignes dans les meilleurs climats et en meilleurs plants.

Avant que de terminer ces observations sur le cuvage et la fermentation des vins, on fera remarquer que cette fermentation est différente suivant les espèces de vins que l'on veut faire. Elle est fougueuse, violente et de courte durée lorsque les vendanges ne sont pas bien mûres ; elle est douce, lente et durable lorsque les raisins ont acquis une parfaite maturité ou qu'ils ont perdu leur acidité et leur verdeur par une longue garde : c'est ce que l'on éprouve dans les vins liquoreux, soit de garde ou de paille, comme nous les appelons. Cette dernière sorte de fermentation est donc la plus avantageuse et la plus louable. Elle développe mieux les esprits du vin, atténue les sels, les divise et les émousse par le mélange des sucs huileux qui se trouvent dans le moût. L'union de tous les principes constituant le vin est plus parfaite et les vins en sont plus chauds et plus gracieux.

Il y a des vins dont le mérite consiste à être légers, vifs, pétillants et qui plaisent, comme l'on dit, par leurs aiguilles. Il faut pour cela que l'acide et les sels prédominent et qu'ils n'y soient pas émoussés par les huiles. C'est pour cette raison que l'on n'attend pas que les raisins soient aussi mûrs que lorsqu'il s'agit de faire des vins rouges pour la boisson ordinaire et qu'on ne laisse pas fermenter les vins gris, façon de Champagne, ni les clairets avec le mucilage et la peau du fruit.

Jusqu'ici, on n'a eu principalement en vue que les vins faits pour l'usage ordinaire des tables et pour le commerce le plus étendu. Cependant le climat de Poligny est propre à fournir des vins de presque toutes les espèces reconnues excellentes. J'ai fait, le premier, des essais qui ont réussi, et voici quelques années que j'ai la satisfaction de voir que l'on commence à me suivre dans ces essais qui, étant réitérés, seront perfectionnés un jour, acquéreront à nos vins une réputation distinguée et seront pour mes compatriotes une source de richesse.

Je ferai part de ma méthode et de la pratique que j'observe pour la façon de ces vins particuliers, après que j'aurai terminé ce chapitre par quelques observations sur le soin des tonneaux et des vins en tonnes.

ATTENTIONS

CONCERNANT LES FUTAILLES ET LE SOIN DES VINS EN TONNEAUX

Mille choses contribuent à la perfection des vins. Le soin des tonneaux et des futailles dans lesquels on le conserve et l'art de de le gouverner en cave, ne contribuent pas peu à le perfectionner et à le maintenir dans son état de bonté. Le point le plus essentiel est de prendre grand soin des futailles et d'avoir une singulière attention à les tenir propres, exemptes de lie, de tartre, de corruption, de moisissures et d'autres vices. Les vins contractent aisément le mauvais goût des vases où ils sont versés. Qui ne veille pas sur ses domestiques et ses ouvriers à ce qu'ils tiennent les tonneaux vides propres et en bon état, ne mérite pas d'avoir des vignes, du moins d'en percevoir lui-même les fruits. Il doit les louer.

Pour les vins ordinaires de commerce et de vente, il est avantageux d'avoir de grands vases contenant depuis quatre jusqu'à sept ou huit muids, et que ces vases soient forts en bois, cerclés en fer, avec des portelles au-devant, par où l'on puisse y entrer pour les nettoyer. J'approuverois fort que les cercles de fer fussent goudronnés contre la rouille et que le bois fut huilé à l'extérieur, pour d'autant mieux fermer l'accès à l'air du dehors. Le vin perd d'autant moins de ses esprits que le volume en est considérable et que le vase présente moins de surface et d'ouvertures qu'il n'en auroit si cette masse de vin eut été partagée dans différentes futailles.

Lorsque ces tonneaux ont été vidés, il faut en tirer ce qui peut y être resté de vin et de lie, ouvrir la portelle pendant quelques heures, afin que la vapeur du vin s'exhale et qu'on puisse ensuite y entrer sans danger pour enlever la lie et le tartre attachés aux douves. Plutôt on le fait, c'est le mieux, car on ne doit pas attendre que la lie ait prit un goût de fort.

Pour dessécher la pièce, on y entretient un réchaud de braise allumée pendant quelque temps, puis on referme le tonneau exactement. Il se trouve par ce moyen tout préparé pour recevoir du nouveau vin.

Quant aux futailles de moindre jauge et sans portelles, il est aussi à propos que, dès aussitôt qu'elles ont été vidées et dès le même jour ou le lendemain, elles soient défoncées, lavées, puis égouttées, desséchées et tenues ouvertes en lieu sec, si l'on a des lieux propres pour cela. Sans ces attentions, la lie et le tartre qui y sont demeurés noircissent et corrompent le bois, ils prennent le goût fort, le tartre se durcit et fait, pour ainsi dire, corps avec les douelles; il est dangereux que le vin que l'on y mettra, surtout si c'est du vin de quelques feuilles, en détrempant le tartre à la longue, ne contracte ce goût que nous appelons le fort et ne devienne un peu louche. Si l'on a pas des endroits propres à tenir ces futailles ouvertes après avoir été lavées et desséchées, il faut du moins les bien égoutter, les rincer même avec une bouteille ou deux de petit vin pour enlever le plus de lie et de tartre qu'il est possible pendant que la lie est fraiche, et les tenir exactement fermées en attendant que l'on s'en serve.

Nos caves sont profondes et très-propres à la conservation des vins. Nous n'avons rien à désirer de ce côté-là. Il faut seulement les tenir dans la propreté et en écarter les odeurs fortes du fromage, des viandes et d'autres choses pareilles.

Il est bien reconnu que le transport et le charroi de nos vins les améliorent. Quelques personnes ont fait l'expérience de faire charroyer dans notre plaine pendant quelques heures le vin même qu'elles destinoient à leur boisson, ce qui leur a réussi. Le mouvement et l'agitation contribuent sans doute à une union plus intime des principes constituant le vin et en développent les esprits et les sels.

Quoique nos vins rouges entonnés clairs n'aient pas, absolument parlant, besoin d'être soutirés, je pense qu'un premier transvasage, avant que la vigne soit en sève, seroit utile, et qu'il est bon que le vin soit, par ce moyen, séparé de sa plus grosse lie. Outre l'avantage qui résulte de cette séparation, le soutirage procure l'union des principes du vin que le charroi procure aussi, et les futailles sont remplies jusqu'au haut : ainsi se répare le déchet survenu depuis que le vin a été mis en tonnes. Tenez ensuite vos tonneaux bien fermés, prévenez tout coulage, il affoiblit insensiblement le vin.

Faut-t-il remplir les tonneaux de temps à autre, comme quelques personnes le pensent? Il me semble qu'il y a en tout un milieu à garder, et qu'il suffit de visiter ses tonneaux une quinzaine ou environ après le soutirage et de les remplir une première fois avec du vin de la même année et de la même qualité pour remplacer celui dont les tonneaux auront été imbibés, et que, cela fait, l'on ne doit plus y toucher, à moins que l'on n'y soit obligé par des circonstances particulières, telle que celle du coulage ou de la friponnerie des domestiques.

Moins l'ouverture du tonneau est grande, moins les esprits du vin se dissipent ; les bondons doivent être de bon bois. Nous pratiquons de les garnir d'étoupes ou de filasse pour que les bouches des tonneaux soient plus exactement fermées. Il seroit avantageux que ces étoupes baignassent dans le vin, afin que la liqueur se communiquant par leur moyen à celles qui entourent le bouchon, les humectât, ce qui préviendroit le dessèchement du bondon et obvieroit à ce qu'il se désserrât et donnât entrée à l'air extérieur.

Il y auroit encore beaucoup de choses à dire sur les objets dont on a traité, mais il faudroit un volume considérable si l'on vouloit réunir en un corps toutes les observations des œnologistes, et discuter, entre les diverses pratiques qu'ils conseillent, qu'elles sont celles qui seroient les plus convenables au climat de Poligny, à sa position et à son commerce des vins. Je me suis donc borné aux pratiques qui m'ont paru être les plus nécessaires, les plus rapprochées de nos usages, les plus aisées et les moins dispendieuses.

Trop de préceptes et des méthodes trop chargées d'observances rebutent; souvent l'on ne fait rien du tout parce qu'on voit qu'il y auroit trop à faire.

Si l'on souhaite de s'instruire dans un plus grand détail, on trouvera des maîtres en ce genre dans MM. Maupin, Bidet, Béguillet et autres écrivains; il y a, dans les journaux économiques de la Société de Berne de l'année 1766, deux excellents mémoires fournis à cette Société sur les moyens de perfectionner les vins du canton; l'on y est entré dans les détails que l'on peut désirer; les studieux y trouveroient de quoi se satisfaire et pourroient choisir, parmi les pratiques qui y sont conseillées, celles qu'ils jugeroient à propos de mettre en usage.

La patrie vous invite, ô mes chers compatriotes! à vous instruire des moyens de perfectionner vos vins, à faire des essais et à communiquer le résultat de vos expériences; vous lui rendrez un grand service et vous vous ouvrirez à vous-mêmes une mine d'argent toujours renaissante. Les efforts à faire pour cela ne sont ni grands, ni pénibles.

OBSERVATIONS

CONCERNANT DES ESSAIS FAITS ET A PERFECTIONNER

Je me fais un devoir et un plaisir de communiquer quelques essais qui m'ont réussi et les méthodes que j'ai employées. Heureux déjà de ce que le résultat de mes essais a charmé mes compatriotes et en a engagé plusieurs à faire quelques vins distingués suivant mes façons!

Vin gris, de rosée, façon de vin de Champagne

Le premier de mes essais fut de faire du vin gris, comme il se fait en Champagne : il y a plus de quarante ans que je le commençai.

Des officiers du régiment de Navarre en ayant bu, ne purent se persuader qu'il fût de mon crû ; ils en demandèrent pour en faire part à leur colonel, qui en emporta. Ce qui est certain, c'est qu'il étoit meilleur que celui de Champagne que les marchands vendoient à trois livres dix sols la bouteille. Il étoit d'un blanc gris, mousseux, combloit les verres, avoit les aiguilles du Champenois, étoit avec cela plus doux et gracieux que celui que l'on achetoit dans la province chez les débitants. La maturité du raisin, en cette année-là, contribua sans doute au succès de ce premier essai.

Je fis cueillir une certaine quantité de raisins noirs que nous appelons Noirins et Pineaux, le matin, avant que le soleil eut fait disparoître la fleur, autrement l'azur dont ils étoient couverts. Je recommandai de couper les raisins courts, les queues vertes de la grappe étant plus nuisibles qu'utiles. Ces raisins furent apportés sur la tête des vendangeuses, dans des corbeilles couvertes de nappes humectées, pour que, durant le transport, le soleil qui devoit paroître agit sur les linges mouillés et non sur les fruits.

La quantité des raisins Pineaux n'étant pas assez grande pour fournir à la pressée, je fis cueillir des raisins choisis et des plus mûrs parmi ceux que nous nommons Pelossards, dont le jus est doux. Ces raisins furent vendangés dans des vignes en côteaux et de bon grain. Ils faisoient à peu près la moitié de la pressée. Apportés à la maison, ils furent jetés incontinent sous le pressoir et le moût mis dans un tonneau neuf, mais préparé pour y fermenter.

Durant la fermentation, je faisois remplir le tonneau du même moût dont j'avois mis quelques bouteilles en réserve; mais avant que d'entonner le vin, j'avois laissé déposer sa lie la plus grossière pendant douze ou quinze heures dans un cuveau propre où il n'y avoit point eu de vin rouge, d'où on le soutira déjà clarifié à moitié.

On applique sur l'ouverture de la futaille, durant la fermentation, un amas de feuilles de vigne ou un petit sac rempli de fin sablon, pour que l'évaporation des esprits vineux soit peu considérable.

Quand la fermentation est sur sa fin, on ferme la futaille à demeure jusqu'à ce que l'on soutire le vin ou qu'on le mette en
bouteilles, ce que l'on fait avant la pleine lune de mars, si le vin
est clair et qu'on veuille qu'il soit doux et mousseux. S'il n'est
pas bien net et clarifié, il y en a qui le collent, d'autres le conservent en tonne après l'avoir soutiré et attendent à le mettre en
bouteilles jusqu'au retour du froid, en novembre ou décembre.
Je préférai ce dernier parti dans mon premier essai. Les deux
sèves du printemps et du mois d'août étant alors passées, on ne
risque pas tant que les bouteilles se cassent. Le vin a perdu de
son acidité ; il n'est plus fougueux et il a acquis une parfaite lim-
pidité sans l'usage de la colle, que je crois ne devoir pas être
employée sans nécessité pour clarifier cette espèce de vin. La
colle peut être plus convenablement employée pour rendre clairs
et limpides les vins gras et liquoreux. Des personnes qui avoient
bu du vin de ma façon, à qui le franc Pineau manquoit, s'avisè-
rent d'en faire suivant ma méthode avec du Pelossard pur et réus-
sirent à faire un vin doux, vif, pétillant et mousseux ; mais il ne
conserve bien ces agréments que pendant sa première année, au
bout de laquelle il devient ordinairement sec et perd sa liqueur
et sa douceur en grande partie, à moins que le Pelossard n'ait été
très-mûr, ce qui est rare. Celui qui est fait avec le Pineau mûr
et un mélange de Pelossards mûrs et de bon crû la conserve plus
longtemps et ne la perd jamais tout-à-fait. C'est toujours un bon
vin ; il a plus de vivacité et de feu.

Vin clairet.

On ne fait guère de cette espèce de vin pour le commerce et le
débit. Autrefois, les vins clairets de Poligny étoient fort estimés :
il en passoit beaucoup en Flandre. Il y a preuve que, dans le xvi⁰
siècle, le magistrat de Poligny en envoya plusieurs pièces au cardinal de Granvelle, en Flandre, lequel en fit d'affectueux remer-
ciements. Ce cardinal s'étoit intéressé en faveur de cette ville au-
près du roi d'Espagne, Philippe II.

Il y a des personnes qui ne mettent aucune façon à cette espèce de vin : ils se contentent de puiser le jus des raisins froissés à la vigne et de le passer dans un panier pour que les grains et les pépins des raisins ne s'y mêlent point. Ils le mettent en tonne pour y fermenter et le gouvernent comme celui de rosée dont on vient de faire mention.

Ceux qui voudroient qu'il fût plus coloré et plus ferme que ne l'est celui qui est fait de cette première manière, font écraser et fouler le raisin avant que d'en passer le moût.

On suppose, sans qu'il soit nécessaire de le dire, que la vendange dont le moût est exprimé est de bons plants et des meilleurs crûs; mais la meilleure méthode, pour avoir du vin excellent de cette espèce, seroit de rejeter tout le jus qui a été exprimé par le froissement des raisins à la vigne, de le faire couler dans les cuves et de ne conserver que les grains des raisins détachés de leurs grappes pour les mettre sous le pressoir. Le jus qui en est exprimé est beaucoup plus sucré et plus vineux, parce qu'il est exprimé du corps muqueux doux du raisin. Il n'y a personne qui ne sache par expérience que la *mère goutte* du fruit de la vigne est ce qu'il contient de plus délicieux. On appelle de ce nom le jus extrait du mucilage qui tapisse en dedans la peau du raisin.

Du moût ainsi exprimé ne peut pas manquer de donner un vin excellent, s'il est bien gouverné étant en tonne et ensuite bien conditionné.

Vin façon de Bourgogne.

Ayant découvert par un heureux hasard un mémoire authentique où l'on voit comment se faisoient nos vins en 1332, je fis un essai il y a douze à quinze ans. Ce fut d'opérer sur une petite quantité de vendange suivant la méthode que ce mémoire m'indiquoit. Quoique je n'ignorasse pas que nos plants actuels n'étoient plus, la plupart, les mêmes que ceux qui se cultivoient à Poligny dans le XIVe siècle, je voulus faire l'expérience de la qualité qu'auroit le produit des vendanges de nos meilleurs plants, cuvées,

5

foulées, pressées et gouvernées comme il se pratiquoit en 1332.

Je fis choix des meilleures vendanges, amassées par un beau temps, dans l'un des côteaux du vignoble des mieux exposés. La vendange étoit formée pour plus de quatre cinquièmes de Noirins, de Sauvagnins et de Pelossards, parce que j'avois fait recueillir le plus de Noirins que j'avois pu, dans une autre contrée. Le Pelossard même faisoit à peine le quart de toute la vendange. Elle fut mise dans un vase qui pouvoit contenir une queue de Bourgogne, autrement un muid et demi de Poligny. On attendit jusqu'au quatrième jour à fouler la vendange ; ce quatrième jour arrivé, elle fut foulée afin de donner au vin que l'on en devoit tirer plus de corps et de couleur. La fermentation se ranimant après le foulage, le marc remonte; c'est dès ce moment qu'on peut tirer et entonner le vin; mais il est inutile de porter l'attention pour le temps et le moment du tirage jusqu'au scrupule, comme les Bourguignons. Nous n'avons pas à craindre comme eux que le vin de cette façon contracte le goût de la grappe, puisque nous détachons toutes les grappes des raisins en les égrenant à la vigne. Dans les années tardives et froides, la fermentation n'étant pas aussi prompte que dans les années chaudes, il conviendroit peut-être de laisser fermenter la vendange un jour de plus et de ne tirer le vin qu'un jour plus tard; j'en userois ainsi pour mon compte. Si, en 1332, on foula et on tira le vin le quatrième jour, c'est qu'on avoit vendangé, cette année-là, à Poligny, dès le 15 septembre, ce qui ne nous arrive plus. D'ailleurs, une quantité de vendange un peu considérable mise un même jour dans un grand vase après avoir été faite et recueillie par un temps chaud, fermente tôt et vivement.

C'est pourquoi, en quelque temps que se fasse la vendange, il faut, pour faire le vin duquel on traite, cueillir le raisin par un temps sec et doux, attendre que la rosée du matin soit dissipée et différer à le cueillir si le jour ne paroit pas propre.

L'une des principales attentions consiste à ne point retarder la fermentation et, pour cela, de ne point faire de cuvée à deux ou trois reprises : mais si l'on en veut faire plusieurs, il faut faire en sorte que chacune soit de la vendange cueillie et amassée le même jour.

Le mérite particulier de ce vin est d'être léger, gracieux, chaud et spiritueux. Rien n'est donc plus avantageux pour lui acquérir ce mérite que d'empêcher, autant qu'il est possible, qu'il ne perde de ses esprits par l'évaporation. On peut rendre la dissipation de l'esprit vineux moins considérable en faisant couvrir la cuve après que la fermentation est commencée jusqu'au moment du foulage, et depuis le foulage jusqu'à ce que l'on tire le vin, après avoir serré le marc fortement.

Quand le vin a été tiré et entonné dans des vases convenables, on jette incontinent le marc sur le pressoir et l'on répartit ce qui en sort dans les tonneaux où est le vin tiré de la cuve. L'on distingue, en Bourgogne, les vins de première, seconde et troisième taille. Ceux des dernières sont les moins estimés; ce sont même des vins de rebut. Ici c'est tout le contraire; la raison en est simple : En Bourgogne, on presse avec la grappe; dans la dernière taille, les sucs acides et grossiers de cette grappe s'expriment et vicient le vin de la taille où ils se trouvent mêlés. Chez nous, où l'on ne met sous le pressoir que des raisins égrenés, le vin d'une dernière taille est plus doux, plus sucré, plus clair même que celui des premières tailles. On en a dit les raisons ci-devant, article des vins clairets.

La fermentation s'achève dans les tonneaux; il est dangereux de se servir de futailles de chêne neuves, sans les avoir préparées et purifiées. Le vin peut contracter le goût du chêne. Cependant, après préparation et quelques précautions, on peut se servir d'une futaille neuve pour y laisser le vin durant la seconde fermentation. S'agit-il de le soutirer, il faut bien se garder de l'entonner dans une futaille neuve absolument, où l'on n'auroit point fait fermenter ni cuver de vin. Plus le vin de cette façon est spiritueux, plus il pénètre le bois et plus il est susceptible d'être vicié par le goût du chêne et de perdre de sa couleur.

Il n'est pas moins dangereux de se servir, pour tenir le vin à demeure jusqu'à ce qu'on le mette en bouteilles, de vieilles futailles dont les parois sont tapissées de tartre durci et comme pétrifié, que le lavage n'enlève point. Le tartre et la lie qui ne sont pas enlevés frais par le lavage se chargent des vapeurs du vin, deviennent forts et piquants, prennent le goût de vieux, que nos vignerons nomment le goût de *recuit*, se durcissent, font corps avec les douelles des tonneaux; si vous y versez ensuite des vins spiritueux, tels que celui-ci, ils pénètrent ce tartre, en détachent des parties fines qui se mêlent dans le vin, sont capables de lui communiquer l'une de ces mauvaises qualités.

Le vin transvasé et ôté de dessus sa lie, on le laisse en tonneau jusqu'à ce qu'on le mette en bouteilles; mais il faut avoir eu soin de tenir, dans les commencements surtout, le tonneau plein et ensuite bien fermé.

Le temps de le mettre en bouteilles dépend de la qualité du vin; s'il est corsé, ferme, chaud, laissez-le pendant trois hivers en tonne avant que de le mettre en bouteilles; mais lorsqu'il est tendre, léger, avec moins de feu, parce que l'année aura été pluvieuse et la saison moins propre à donner des vins de bonne qualité, il suffit de le laisser en tonne pendant deux hivers. Je me suis mal trouvé dans de telles circonstances de l'avoir laissé plus de deux années dans les futailles. Il ne s'y soutient pas longtemps. Au reste, chacun peut consulter l'état de son vin et se décider suivant son goût et ses projets.

Cette sorte de vin est excellente et d'un usage charmant. S'il est bien fait et que l'année ait été propre et un peu hâtive, il approche fort de celui de Bourgogne. Quelquefois même il en a le parfum, ce que certains appellent le bouquet. Il est très-souvent préférable aux vins de certains envois de Bourgogne. Les vendeurs ne sont pas toujours assez fidèles pour les envoyer purs. D'autres fois cette façon de vin nous le donne ressemblant à celui d'Aubigny.

On le gouverne en tonneau comme les autres vins dont on a fait mention auparavant.

Vin dit de paille.

C'est ici le vin par excellence, un vin de liqueur comparable aux vins d'Espagne et de Malaga, qui le conteste à ceux de ce nom que l'on reçoit de seconde main par Dunkerque et Calais.

Quand on a à rendre compte de ses expériences et de ses propres essais, on se trouve obligé à parler de soi. Je fus redevable à un gentilhomme de distinction de notre ville qui avoit été Major de Colmar, M. le chevalier Dagay, de la connoissance de cette liqueur et de la méthode observée en Alsace pour faire cette espèce de vin. C'est une véritable obligation que Poligny, sa patrie, lui a.

Je fus le premier des habitants de cette ville qui, après avoir goûté de quelques bouteilles que cet officier en avoit fait, ait mis en pratique la méthode qu'il m'avoit enseignée. Ce fut en 1766 que je fis mon premier essai. L'année fut très-propre pour cela. Les raisins étoient très-bons et fort mûrs ; aussi aucun des vins de cette espèce que j'ai faits dès lors chaque année n'a égalé en bonté celui que je fis cette année-là. Il fut vanté dans toute la ville. Poligny parut lui-même surpris de voir éclore dans son sein cette nouvelle source de richesses et de délices.

Nonobstant l'admiration qu'il excitât et la connoissance que je donnai de la manière de mon essai, on me laissa encore pendant trois ou quatre ans en possession de faire et d'avoir seul de cette espèce de nectar, tant il est vrai que l'homme est lent et indolent à faire ce qu'il n'a jamais fait, quelque bonne que la chose ait été reconnue.

Depuis trois ou quatre années en çà, deux ou trois particuliers de notre ville s'occupèrent du soin de s'en procurer. Cette année 1774, quelques autres ont grossi le nombre des délicats et ont pris part aux agréments et aux délices que peuvent leur fournir notre climat et notre sol avec le secours de quelques soins.

Je n'ai refusé à personne de lui communiquer la méthode suivant laquelle j'avois opéré en 1766 et depuis. Voici donc la manière dont je m'y pris.

Je fis cueillir par le beau temps et dans les bons cantons de notre vignoble une certaine quantité de corbeillées de raisins mûrs des bonnes espèces, et en nombre proportionné à la petite quantité de vin que je me proposais de faire. Aussitôt arrivés à la maison, je les fis étendre sur des planches ou lambris supportés par des tréteaux, dans des chambres ou appartements libres et aérés. Comme il faut garder et soigner ces raisins pendant quelques mois, il est essentiel de les préserver de la pourriture et de la moisissure. C'est pour cette raison que j'observe de faire cueillir les raisins par un temps sec, de ne les point laisser en masse dans les corbeilles, de les ranger tout de suite sur des lambris, de choisir des lieux élevés et aérés pour les y conserver et de les retourner quelquefois.

Plus grande sera la quantité des raisins blancs, mieux ce sera. Notre Sauvagnien ou Pineau blanc est le plus convenable. La peau en étant plus dure, il se soutient plus longtemps en bon état. Il a plus de feu et d'esprit que les autres raisins blancs ; par conséquent le vin qu'il donnera sera plus piquant et plus gracieux. C'est assez d'associer à ces blancs un quart ou un cinquième de bons raisins noirs, tels que Noirins et Pelossards bien mûrs, afin de procurer au vin la couleur de paille et celle de certains vins d'Espagne.

La longue garde de ces raisins occasionne le dessèchement de la grappe, les grains se rident un peu, la partie aqueuse du jus des raisins se dissipe en grande partie ; les huiles et les sels demeurent presque seuls.

Il est bon que les raisins aient éprouvé la gelée. Pourquoi? Lorsqu'on voit que le temps y est disposé, on ouvre les fenêtres de la chambre ou du cellier où ils sont.

Le temps ordinaire de porter les fruits sur le pressoir est la fin de janvier, à moins que des circonstances particulières ne vous obligent à le faire plus tôt, comme lorsque les gelées ont commencé de bonne heure et que vos fruits pourrissent ensuite d'un dégel qui survient. En un mot, plus on garde les raisins et plus le nectar qui en sera exprimé sera délicieux. C'est aux amateurs à visiter leurs fruits et à les préserver de la moisissure par tous les moyens qu'ils jugeront propres à cela. J'ai vu, par expérience, que mon vin fait plus tard a toujours eu une très-grande supériorité, de l'aveu même de tout le monde, sur les vins que mes voisins avoient fait en décembre, dans la crainte que leurs raisins ne pussent se garder plus longtemps. Ils avoient été mal soignés probablement.

Avant que de les porter sur le pressoir, j'en fis détacher tous les grains infectés de moisissure. Ceux qui n'ont que la peau pourrie ne nuisent pas à la qualité du vin. Ces grains ainsi détachés ne sont pas perdus pour une mère de famille économe, qui en tire parti. On les met donc à part.

Cette opération faite, on égrenne les raisins pour en séparer les grappes qui, étant sèches, boiroient une partie du jus si elles étoient sous la presse avec le fruit. Du moins, c'est ainsi que j'ai cru devoir diriger le travail de mes gens. Peut-être que si on laissoit les raisins sur les grappes, il n'en suivroit aucun mal, et que la pressée seroit plutôt expédiée. Au reste, on met encore ces grappes en réserve pour en faire l'usage que je dirai.

Le pressoir bien lavé, les cuveaux et les seaux propres et préparés, on fait presser les raisins. Je fais mettre le moût dans un cuveau tenu un peu penché et je l'y laisse déposer sa lie et ses parties terreuses pendant vingt-quatre heures ou environ ; le plus ou le moins de temps est assez indifférent, car ce moût étant lent à se mettre en fermentation, le raisin ayant été gelé, il n'est pas susceptible sitôt de l'évent. Mon objet est d'obtenir que la lie ait fait dépôt et que le moût soit déjà transparent lorsque je le mets dans le tonneau.

Après qu'il a été versé dans un tonneau propre, où il n'y ait point eu de vin rouge, j'en ferme l'ouverture avec un petit sac rempli de sablon placé simplement sur le bondon ou trou du vase. Je le laisse ainsi fermenter pendant quelque temps en le remplissant de quatre à cinq jours l'un avec du moût de la même pressée, réservé dans des bouteilles.

Je le soutire dans le mois d'avril, lorsque la fermentation a cessé ; cette fermentation est tardive, douce et lente ; on ne craint pas qu'elle fasse éclater le tonneau ; ainsi l'on peut sans danger le fermer, même durant la fermentation, avant le soutirage ; cependant, après qu'elle a continué quelque temps, et je conseille de le faire pour que le vin conserve d'autant mieux ses esprits. Le moins que l'on puisse attendre à mettre ce vin en bouteilles, c'est jusqu'à la fin de son second hiver, c'est-à-dire jusqu'à ce qu'il ait quinze à seize mois.

Est-il bon de le coller? Ce point est envisagé diversement. La colle a un grand nombre de partisans, ils prétendent qu'en collant les vins, ils obtiennent qu'ils soient limpides et brillants. Je conviens que si l'on ne pouvoit pas, sans l'usage de la colle, parvenir à ce but, il faudroit coller les vins de paille, mais je ne les colle pas, et mon vin, déjà débarrassé par le premier dépôt de sa plus grosse lie qui s'est fait dans le cuveau où il est mis au sortir du pressoir et par un second dépôt qu'il en a fait ensuite dans le tonneau où il a fermenté et d'où il a été soutiré quelques mois après, s'est toujours trouvé aussi clair et limpide qu'on puisse le souhaiter, lorsque je l'ai mis en bouteilles dans les mois de mars ou d'avril de la seconde année, depuis qu'il a été pressé.

Je pense donc que non-seulement la colle n'y est pas nécessaire, mais encore qu'elle nuit à la qualité de ce vin. Je crois l'avoir remarqué ensuite de comparaison. Je trouve que, étant collé, il n'a pas autant de parfum que celui qui ne l'a pas été. La colle lui enlève une partie de son agrément en précipitant trop tôt au fond du tonneau les parties atténuées du genre muqueux doux, ce qui lui fait perdre en partie le goût du fruit, au lieu que ce vin fermentant lentement et longtemps avec les parties fines de ce muqueux, en qui résident le parfum et le goût du raisin, participe davantage à ses qualités.

Si l'on veut faire usage de la colle, ce ne doit être que lorsqu'on se propose de le mettre en bouteilles et qu'il ne se trouve pas limpide à notre gré. Il me semble qu'on ne doit pas approuver la méthode de ceux qui le collent au sortir du pressoir, ni même dans le temps qu'on le transvase ou d'abord après.

On ne peut pas disconvenir que cette sorte de vin plaît d'autant plus qu'il est plus limpide et plus clair.

On fera si l'on veut de deux sortes de vin de paille : du paillé blanc, aurore ou orangé, c'est celui qui vient de nous occuper, et du rouge foncé ou de rubis. On emploie pour celui-ci les mêmes façons et on y apporte les mêmes soins. Toute la différence dans la manière consiste à ne se servir pour ce dernier que des raisins noirs de la meilleure qualité, cueillis mûrs et dans les bons climats. On les fait fouler et écraser avant que d'en mettre la vendange sous le pressoir, afin que le vin qui en sera exprimé soit plus coloré. Autant que la blancheur ou la couleur aurore la plus belle, ajoute au mérite du premier, autant la plus forte teinte de rouge est désirable dans le second.

Il ne faut pas être surpris si ces vins sont à un haut prix, car, indépendamment des frais, des soins, des embarras pendant plusieurs mois, on ne tire de ses fruits que le tiers de ce qu'ils auroient produit en vin de cuvée ordinaire, et ce tiers est encore diminué considérablement par les dépôts de lie qu'il fait en différents temps, tant dans le tonneau où on l'a mis pour fermenter, que dans celui dans lequel on l'a fait passer à demeure jusqu'à ce qu'il soit mis en bouteilles.

Un objet d'économie dont il est bon d'être instruit et que l'on doit à la dame de la maison de l'auteur de cet ouvrage, regarde l'usage que l'on peut faire de la lie et du dépôt que laisse ce vin dans le cuveau où il séjourne après la pressée, ainsi que des grains infectés de la moisissure que l'on a détachés des raisins avant que de les faire presser. En lavant ces grains avec de l'eau tiède, on en emporte la moisissure. On lave aussi les grappes ; ces deux lavages joints à la lie sont mis à bouillon sur le feu ; on les fait réduire ; on exprime dans un linge cet extrait, que l'on fait encore réduire dans une bassine sur le fourneau de cuisine, et l'on en fait une gelée excellente, sans qu'il soit besoin d'y ajouter du sucre.

Vin mi-paille

Il y a bien des personnes qui aiment des vins qui passent mieux et ne les désirent pas si liquoreux que le sont ceux dont on vient de faire mention. Pour fournir des moyens à contenter tous les goûts, j'ai une façon de faire un vin d'un blanc-roux qui est plus léger et moins liquoreux que celui que nous appelons vin de paille, et qui est cependant brillant, doux et piquant. Je n'ai commencé qu'aux vendanges de cette année 1774 à faire mon nouvel essai. Je rendrai compte un jour de son résultat, ne pouvant le faire actuellement, ce vin étant encore en fermentation.

J'ai fait cueillir pour cela quelques corbeilles de raisins blancs, Sauvagniens et Roussettes, autrement bons Moulans, comme l'on nomme ici ces raisins. Je les fis choisir mûrs et cueillir dans la chaleur du jour. Je les ai laissé exposés au soleil sur des planches pendant quatre à cinq jours dans un jardin; ils n'y pouvoient jouir des rayons de cet astre que depuis les dix heures du matin jusqu'à trois heures après midi. D'autres pourroient avoir des lieux plus ouverts pour les y exposer et réussiroient mieux sans doute. Je faisois couvrir ces raisins avant que le serein tombât et on les découvroit chaque jour vers les dix heures avant midi; l'on étoit déjà avancé dans le mois d'octobre.

Quelques brouillards, un temps nébuleux et couvert, la crainte des pluies m'obligèrent à les faire apporter à la maison, où ils demeurèrent encore dix à douze jours étendus sur le plancher d'une chambre; je les fis égrener ensuite et fermenter un peu pendant trois ou quatre jours avant que de les faire porter au pressoir. J'ai lieu de croire que si l'année eût été moins tardive, le temps plus chaud et que mes raisins eussent pu jouir des rayons d'un soleil plus ardent pendant plusieurs heures de la journée et durant six à sept jours consécutifs, il n'eût pas été nécessaire de les garder plus longtemps; la fermentation de la vendange en eut été plus prompte et plus parfaite et mon essai plus heureux. Je suppose aussi que les raisins aient été cueillis très-mûrs, ce qu'il nous est souvent difficile d'obtenir, par l'espèce de nécessité de vendanger que le règlement des bans nous impose.

P.-S. — Cet essai m'a réussi. On espère qu'un second essai avec quelques attentions de plus aura encore un succès plus heureux et plus satisfaisant.

OBSERVATIONS

Avant que de terminer ce traité, j'ai cru que je pourrois y ajouter utilement les connoissances que j'ai prises sur les frais ordinaires de la culture de la vigne à Poligny, sur le produit d'un journal, une année parmi l'autre, et sur le rapport de nos mesures actuelles aux anciennes et à la pinte de Paris. MM. de la Société d'agriculture d'Orléans, dont j'ai l'honneur d'être membre, me donnèrent occasion de m'instruire dans cette partie et de l'étudier pour pouvoir répondre aux questions qu'ils me proposèrent en 1766, et fournir les éclaircissements qu'ils demandoient.

Notre journal ou arpent, dans la province, est de 360 perches carrées, la perche de 9 pieds et demi, pied ancien de Bourgogne, et contient 32,844 pieds 2 pouces 6 lignes carrés, pied de roi, en mettant le rapport du pied ancien de Bourgogne à celui de roi comme seroit 185 à 184, le pied ancien étant un peu plus fort.

Poligny et sa châtellenie, composée de quatorze à quinze villages, est le seul canton du pays où l'on mesure les terres à la toise le comte, qui est de 7 pieds le comte; le journal ou arpent de vigne, de champ ou de pré y est de 500 de ces toises qui, réduites au pied le roi, ne donnent que 28,946 pieds le roi 1 pouce 6 lignes, le rapport de celui-ci au pied le comte étant comme 23 le sont à 25.

Le rapport du pied ancien de Bourgogne au pied le comte est comme 37 le sont à 40, ainsi que s'en expliquent les anciennes ordonnances de la Franche-Comté.

Il suit de ces observations que le journal de vigne à Poligny est moins grand d'un huitième que dans les autres vignobles de la province.

Ici, comme ailleurs, cet arpent ou journal se divise en huit parties que nous appelons ouvrées; mais il faut 9 des ouvrées de notre journal de Poligny pour en faire 8, ou le journal de vigne des autres lieux du pays.

On me demanda d'Orléans de faire la réduction de l'arpent de la province à une mesure commune, telle que la perche de 20 pieds le roi. Les 360 perches du journal de la province se réduisent ou équivalent à 82 perches et un cinquième de perche carrées de cette mesure de 20 pieds, et notre journal de Poligny, par conséquent, à un neuvième de moins.

FRAIS ORDINAIRES

POUR LA CULTURE DE NOTRE JOURNAL DE 500 TOISES A PRIX FAIT

La main-d'œuvre pour la culture ordinaire de la vigne, savoir : pour la tailler, lier, pour le premier et le second labours et pour l'effeuiller, étoit estimée, il n'y a pas encore longtemps, à 3 livres par ouvrée, ce qui faisoit 24 livres pour un journal ; aujourd'hui que les denrées sont portées à un prix fort haut, la main-d'œuvre est devenue plus chère ; on seroit heureux si l'on étoit quitte pour 3 liv. 5 s. par chaque ouvrée, ou 26 liv. par journal, ci 26 l. » s.

Pour les fosses, la provignure et les ouvrages d'hiver, qui sont nécessaires pour maintenir la vigne dans un bon état, il en coûte 3 livres aussi par ouvrée convenablement couverte de terrure, fossoyée et provignée ; mais, cette opération ne se renouvellant que tous les trois ans ou ne se faisant que par parties d'année en année, la dépense divisée est annuellement de 8 livres par journal, ci . . . . 8 »

On paie pour le troisième labour 10 sols par ouvrier, c'est 4 livres par journal ; mais comme il n'est dû que de deux ans l'un, ces frais répartis sur chaque année montent à 2 livres, ci . . . . 2 »

Il faut deux douzaines d'osiers par journal pour lier là vigne. Chaque douzaine est composée de douze poi-

A reporter 36 l. » s.

gnées de petits osiers qui se vendent de 12 à 15 sols
la douzaine; c'est, au prix moyen, 1 livre 7 sols, ci .   1   7

Pour trois douzaines de fagots d'échalas nouveaux,
outre ceux de l'année précédente qui se trouvent encore bons, 4 livres 10 sols, c'est à raison de 30 sols la
douzaine, ci   4   10

Total, 41 livres 17 sols, ci . . . . 41 l. 17 s.

Les frais de récolte de toute espèce sont compensés par le prix
que l'on tire du marc des vendanges, qui se vend année commune
4 livres par muid de vin clair sorti de la cuvée. On estime que les
frais de la vendange d'une bosse ou queue, rendant 1 muid de vin,
vont à 1 livre 10 sols dans les bonnes vignes et à 2 livres pour un
semblable produit dans les vignes médiocres. Le charroi d'une
bosse de cette contenance dans notre vignoble peut coûter 18 sols
au plus l'une parmi l'autre, celui fait en lieu proche compensant
le charroi dans les cantons éloignés. Le surplus du prix du marc
dédommage encore des frais de la cuvée et du tirage des vins.

A combien portera-t-on la valeur du produit d'un journal de
vigne? Rien n'est plus difficile à fixer, eu égard à la différence qui
se trouve dans la bonté des sols, à celle que la proximité ou
l'éloignement des cantons met d'une vigne à une autre; la plus
proche, quoique d'un sol moins fertile, sera souvent mieux
cultivée qu'une autre plus éloignée, mais d'un meilleur fonds,
et rendra autant ou plus. Notre vignoble, trop étendu pour le
nombre des vignerons à Poligny, est ordinairement mal cultivé
dans les contrées éloignées, lorsque les vignes n'appartiennent
pas à des propriétaires qui les cultivent eux-mêmes.

Quelques personnes intelligentes et attentives m'ont dit avoir
remarqué que le journal de vigne dans notre vignoble ne produi-
soit guère par année, la plus abondante compensant la plus
stérile, qu'un muid de vin pour le propriétaire et autant pour le
cultivateur. Ce que l'on doit entendre, non d'une vigne seulement
ou de deux ou trois, mais d'un cetain nombre de vignes dont les
unes sont bonnes, d'autres médiocres, d'autres mauvaises. Suivant

le calcul que j'ai fait du produit des miennes pendant vingt ans, j'ai reconnu, par les notes que j'ai conservées de la quantité de vendange que chacune d'elles m'a donnée, que la remarque de nos anciens étoit juste, autant qu'on peut approcher du vrai en ce point. Les vignes des vignerons-propriétaires ou censitaires, à partage au quart ou au cinquième des fruits rendent davantage, étant mieux cultivées que celles des bourgeois faites au partage à moitié.

Il n'est pas moins difficile de fixer le prix du vin année commune. Le temps des ventes y apporte un changement. Les casualités auxquelles la vigne est fort exposée et mille circonstances le font hausser et baisser considérablement. S'il est permis de dire quel en est le prix le plus approchant du juste, le haut prix compensant le plus bas, il me semble qu'il roule de 11 à 12 écus par muid.

Nous comptons par muid, demi et quart de muid. La division en est commode. Il contient 240 pintes, mesure de la province, qui font les deux tiers de la queue de Bourgogne, contenant 360 pintes. Le demi-muid contient 120 pintes; le quartal ou quarril, comme on le nomme à Poligny, 60 pintes, et le demi-quart ou huitième, 30 pintes.

Ce qui rend nos mesures commodes pour l'usage et pour le commerce, c'est qu'elles répondent assez exactement à la division de l'année en jours et des monnoies en liards et deniers.

L'année est composée de 365 jours; la queue, dont notre muid fait les deux tiers, est composée de 360 pintes. Ainsi, celui qui se borne à la consommation d'une pinte de vin par jour, connoit qu'il dépensera un muid et demi de vin par année. Celui à qui une bouteille de table suffit, laquelle est ordinairement des deux tiers de la pinte, n'a besoin que d'un muid de vin. S'il a besoin d'une bouteille le matin et d'une le soir, il faut qu'il compte sur deux muids.

Le huitième de notre muid étant de 30 pintes, ce nombre répond aux 30 jours du mois. On peut donc calculer aisément et exactement sa dépense en vin par année, par mois et par jour, et la régler.

Les 240 pintes que le muid contient répondent précisément aux 240 liards dont l'écu est composé et aux 240 deniers que la livre de 20 sols renferme ; de sorte que dans les ventes et les achats on voit tout d'un coup sans effort que la pinte du vin revient à autant de liards que le muid a coûté d'écus et à autant de deniers qu'il coûte de livres. Par exemple, le vin étant vendu 12 écus le muid, la pinte vaut 12 liards ou 3 sols. Vendu à 37 livres ou 12 écus et 20 sols, la pinte reviendra à 3 sols et 1 denier, qui équivalent à 37 deniers.

Notre pinte, qui est celle de la province, est un cube de 4 pouces, qui donne 64 pouces cubiques de liqueur. Cette observation conduit à pouvoir mesurer et calculer géométriquement par les proportions la contenance du muid, du demi, du quart, etc.

Le rapport de la pinte de Franche-Comté à la pinte ou chopine de Paris est comme 15 sont à 11. Ainsi notre muid de 240 pintes égale 336 pintes de Paris, et comme la pinte ancienne de Poligny, ville qui se rapprochoit dans ses mesures de celles de Paris, depuis que Philippe-le-Bel eut traité du Comté de Bourgogne avec le comte Othon V, étoit d'un douzième en dehors plus forte qu'elle n'est aujourd'hui ; cette différence faisoit que notre muid ancien égaloit la queue ou 360 chopines de Paris et que notre ancienne pinte valoit chopine et demie de Paris.

Suivant que plusieurs actes ou titres des xiv, xv et xvie siècles le portent, il faut 13 pintes à la mesure actuelle de la province pour en faire 12 à la mesure ancienne de la ville de Poligny.

Dans cette ville, le muid de vin se divisoit, anciennement et encore en 1511, en 4 quarrils et le quarril en 2 barraux, le barral contenoit 2 grandes écuelles et 1 petite : la grande écuelle contenant 12 pintes et la petite 6. La pinte se divise en 2 mesures, que l'on nomme chauveaux. C'est ainsi qu'il est énoncé dans un compte rendu, en 1512, par Antoine Glannet, de Poligny, trésorier de Bourgogne, reposant dans le bureau du garde-livres de la Chambre des comptes, à Dole.

On voit, par l'article de ce compte, que le huitième du muid, qui n'est que de 30 pintes, se nommoit barral, du même nom

que l'on donne au huitième de la queue de Bourgogne, lequel est
de 45 pintes. On compte par barral de cette contenance dans les
bailliages de Lons-le-Saunier et d'Orgelet, nos voisins.

Il résulte de là qu'une mesure de même nom dans des contrées
différentes n'est pas la même, comme il y a des mesures de même
valeur et contenance, quoique nommées différemment.

Je terminerai ce chapitre par un extrait du compte de 1512,
que l'on a cité.

« COMPTE DES VINS *(feuillet 209 de ce compte)*

« ORNANS. — Et a au muid quatre carris, et au carri quatre
« sextiers, et au sextier huit channes, et en la channe deux
« pintes.

« Du vin des diesmes d'Ornans appartenants à madite dame,
« montants à la quantité de trois sextiers, cinq channes de vin et
« non plus, parce que les vignes dud. lieu se sont pourement
« pourtées à raison de l'indisposition du temps. Appert par
« certification.

« BLANDANS. — Et a au muid quatre carris, et au carri deux
« berreaux, et font les huit berreaux de Blandans, neuf berreaux
« de Poligny.

« Dou vin du clos de la vigne de madame à Blandans contenant
« environ vingt et un journal que l'on fait à present au partaige
« six quarrils. Appert par certification, pour les veandanges de
« 1511, an de ce compte.

« POLIGNY. — Et a au muid quatre quarrils et au quarril deux
« berreaux, et au barral deux grandes et une petite écuelle. En
« la grande écuelle a XII pintes, en la petite écuelle a six pintes,
« et en la pinte deux chauveaux.

« Des diesmes des vins de Poligny pour l'an de ce compte,
« pour la part de madame, rabattu la sixte partie que prennent
« les doyen et chapitre de Poligny, ont monté et valu la quantité
« de quarante sept muids, deux grandes écuelles et une pinte
« comme appart par le controlle cy devant rendu.....

« Des vins des rentes dues aud. Poligny et des vins des par-
« taiges de madame aud. lieu déclarée, aud. terrier contenant
« IIII^c LXII ouvrées compris la vigne de la d'Orbe pour les veàn-
« danges et an de ce compte quatre muids deux quarrils six
« pintes. »

. . . .

Puissent mes observations être utiles à mes compatriotes, leur
persuader qu'ils peuvent faire du produit de leurs vignes des
vins exquis et qu'ils peuvent se passer de vins étrangers pour
faire les honneurs de leurs tables.

L'art de faire le vin est encore presque inconnu parmi nous.
Je les invite à s'en instruire par des expériences et des essais,
moyen sûr de faire valoir les productions de notre vignoble qui
sont le principal bien et souvent l'unique bien des bourgeois de
Poligny.

Un peu d'activité, d'industrie et de soins conduiront au but que
je me suis proposé. Qu'on me permette de rappeler que la perfection de nos vins dépend de la qualité des plants de la vigne et
de la méthode de façonner les vins, ainsi que d'écarter ce qui
peut mettre obstacle à la maturité des raisins ; surtout, que l'on
demeure bien persuadé que l'on ne peut faire de bons vins qu'avec
des raisins mûrs, cueillis par un temps propre et convenable, et
que l'on ne doit jamais se hâter de faire vendange.

Bénissons le Seigneur de ce qu'il nous a favorisés, préférablement à beaucoup d'autres lieux, d'un climat, d'une situation,
d'un sol dignes d'envie et d'expositions heureuses, et mettons ces
avantages à profit.

FIN

SUPPLÉMENT

AU CHAPITRE TROISIÈME, CONCERNANT LA FAÇON DES VINS ET DES
ESSAIS A FAIRE

Vin de Schiraz

On lit dans le second volume du *Spectacle de la Nature*
(page 339) que le vin de Schiraz est un vin de liqueur très-
estimé, comparable aux vins grecs de Chio et de l'Archipel.
Dans le septième volume de l'*Histoire des Modernes* (page 187),
on trouve l'éloge et la façon de ce vin, l'un des meilleurs et des
plus estimés de tout l'Orient. On le recueille à Schiraz, ville du
Farsistan ou de la Perse proprement dite et dans ses environs. Le
mérite de ce vin consiste dans sa force, sa chaleur, sa belle couleur de rubis et la propriété qu'il a de soutenir la mer pour être
transporté jusque dans la Chine et le Japon. Il se fait avec des raisins rouges d'une grosseur prodigieuse, ce qui n'annonce pas dans
ces fruits une qualité supérieure. Il me semble que les nôtres les
surpassent en bonté et que leur qualité pouvoit compenser les
degrés de plus grande chaleur que le climat de la Perse a sur
celui de la partie méridionale de la Franche-Comté. J'ai même
vu un essai qui m'a fait penser que nous pouvions faire à Poligny
des vins qui ressembleroient fort à ceux de Schiraz. M. le maître
des comptes de Longeville me fit boire un jour du vin de Morey,
contrée du bailliage de Vesoul, dans la partie septentrionale de la
province, qu'il avoit fait de la façon que je vais le dire, vin qui étoit
d'un beau rubis, chaud et avec beaucoup de force. Il me paroit
y reconnoître les qualités distinctives du vin persan dont il s'agit.
Il eut la bonté de me dire qu'il avoit fait cueillir les raisins par
un beau temps et chaud ; qu'il les avoit ensuite laissé exposés au
soleil, les trois ou quatre jours suivants, sur des ais ou des claies,
avec la précaution de les couvrir depuis les trois ou quatre heures
après midi jusqu'à neuf ou dix heures du matin subséquent, pour
que le serein de la nuit ne les rétablit pas dans leur premier état ;

qu'il les avoit après cela fait écraser et en mettre le moût en tonneaux, où il fermenta ; et qu'enfin, sans autre façon, il le mit en bouteilles dans l'un des mois de mars ou d'avril suivant. Je rends ici témoignage à ce que j'ai vu et goûté et j'indique ce que j'ai appris d'un confrère plein de candeur, afin que ceux qui désireroient de se donner des vins de cette espèce et qualité puissent le faire. Assurément nous parviendrons, avec nos bons plants choisis, à faire du mieux encore que M. de Longeville, à Morey. Notre climat étant plus méridional, nos plants plus fins et notre sol plus propre à la vigne et à ses productions.

Voici comment l'auteur de l'*Histoire des Modernes,* au lieu cité (tome VII, page 187), s'explique sur les vins de Schiraz et leur façon. On jugera par l'extrait qui suit si nous pouvons espérer d'en faire qui leur ressemblent.

« Les vins qu'on recueille aux environs de cette ville (Schi-
« raz) sont les plus renommés de tout l'Orient. On les fait d'une
« sorte de raisins *Damas* (1), dont les grains sont rougeâtres et
« les grappes si grosses qu'elles pèsent quelquefois jusqu'à
« 12 livres. L'usage est de les fouler dans une tonne percée,
« sous laquelle est une grande cuve qui reçoit la liqueur. Quand
« la cuve est remplie, on la vuide dans de grandes urnes de terre
« vernissée appelées *pitares*. Le vin y repose quinze jours ou un
« peu plus et tout de suite on le met en bouteilles. Les flacons
« où il se conserve sont de gros verre que l'on garnit de paille
« nattée pour le rendre moins cassant. On les bouche avec du
« coton et de la cire fondue. Le vin de Schiraz a beaucoup de
« force et de chaleur. Il paroit un peu dur la première fois que
« l'on en boit, mais au bout de quelques jours on le préfère à
« tout autre vin. Sa couleur est celle du plus beau rubis. Il ne se
« garde guère plus de trois ans, ce qui vient peut-être de ce
« qu'on ne le fait pas assez cuver ; mais, d'un autre côté, il sou-
« tient la mer et se transporte jusqu'à la Chine et au Japon. »

Celui qui voudroit faire un essai pour une espèce de vin semblable, devroit attendre que les raisins de sa vigne, Noirins,
Pelossards, Luisants ou Valais noirs et Béclans fussent mûrs et

(1) C'est le nom qu'on leur donne.

très-mûrs; les faire cueillir dans la chaleur du jour, du moins après que la rosée du matin est dissipée; les exposer au grand soleil trois ou quatre jours avec les précautions que j'ai indiquées; les faire égrapper incontinent après les avoir retirés du soleil, tandis que les huiles et les sels du raisin sont exaltés par la chaleur; les faire écraser et pressurer : nos pressoirs feroient le même effet et peut-être un meilleur que la méthode des Persans, qui ne connoissent peut-être ni l'usage du pressoir, ni celui de conserver le vin dans des tonneaux ; il faudroit faire déposer et fermenter le moût dans de bonnes futailles pendant quinze jours ou plus et le mettre en bouteilles deux ou trois mois après.

J'ai fait une heureuse expérience de mettre en bouteilles du vin rouge, façon de Bourgogne, dans le mois de mars immédiatement suivant.

J'en ai vu une autre qui confirme toujours de plus en plus la preuve que l'on ne peut trop laisser mûrir le raisin sur le cep pour faire de bons vins. Un particulier ayant gardé des Pelossards sur pied pendant huit ou dix jours après les vendanges, les ayant fait cueillir par un beau temps et mis tout de suite sur le pressoir, en tira un vin doux, liquoreux, de couleur d'agathe : c'étoit en 1772, année peu favorable; aussi ce vin avoit peu de feu et de parfum; mais, dans une année plus chaude et plus convenable, on doit espérer, en suivant cette pratique, un vin distingué, surtout si l'on associoit aux raisins Pelossards des Noirins, des Béclans extrêmement mûrs et autres Morillons de la meilleure qualité. Ceux-ci lui procureroient plus de feu et de vivacité.

Cette expérience tient en quelque chose à la façon du vin de Tokay, en Hongrie, duquel on va faire mention d'après ce qu'on en a lu dans les écrivains.

Vin de Tokay

Ce vin si renommé, l'un des meilleurs de l'univers, se fait avec un raisin blanc précoce qui mûrit dans le mois d'août, que l'on laisse se rider et se dessécher sur le cep, et lorsque l'année ou la saison ne sont pas assez favorables pour lui procurer le point auquel on le désire, on le met au four ou bien on lui associe une certaine quantité de raisins de Damas secs. On y égrappe les raisins comme nous le pratiquons à Poligny et on les met sous le pressoir pour en tirer un jus semblable au nectar. Il fermente, et la fermentation le convertit en un vin de liqueur excellent et délicieux qui conserve longtemps de la douceur. On le soutire au bout d'un an pour aller, de là, paroître dans les cours des rois et être servi sur leurs tables. Nos vins de paille en approchent déjà. La longue garde des raisins dans les appartements ou les celliers, la gelée et les frimats opèrent les rides, le dessèchement et la dissipation des parties aqueuses que l'on désire dans les raisins, à Tokay, et que les Hongrois leur procurent en les laissant sur le cep.

C'est bien moins à la nature du sol et à la température du climat qu'à la qualité du plant et à l'industrie des habitants que le vin de Tokay doit son excellence et sa réputation.

Il y a chez nous des côteaux et des expositions qui ne le céderoient point à ceux des environs de cette ville de Hongrie. Notre position est même plus méridionale : nous n'atteignons pas le 47° degré de latitude septentrionale, Tokay s'avance au-delà du 48° (1).

Pourquoi désespérerions-nous d'obtenir des vins qui approchassent de la bonté de ceux de Tokay, s'ils ne pouvoient atteindre au même degré d'excellence? Ne peut-on pas se procurer des plants plus hâtifs que nos Sauvagniens, en hâter la maturité en multipliant et en avançant les labours de la vigne, en la tenant basse et en déchargeant les ceps du bois et des pampres qui leur dérobent les rayons du soleil? Nous pouvons, au surplus, faire tout ce qui se pratique pour les vins de Tokay et suppléer, par les mêmes moyens que les Hongrois, à ce qui manque quelquefois aux raisins du côté de la grande maturité et de la dissipation de la sève et des parties aqueuses.

Les plus grandes difficultés et les plus grands obstacles résultent de ce que les possessions en vignobles sont trop divisées, de ce que l'on a introduit dans nos vignes trop de plants tardifs à

(1) Dictionnaire géographique, aux mots *Poligny* et *Tokay.*

mûrir, de ce que les propriétaires ne sont pas dans l'usage de faire cultiver leurs vignes à prix d'argent et sont dans celui de les faire cultiver au partage des fruits par moitié, ce qui assujettit ces propriétaires aux idées, aux caprices et à l'indocilité des vignerons et ne leur laissent pas la liberté de faire ce qu'ils voudroient.

Ce qui rebute encore plusieurs personnes de faire des essais tendant à perfectionner nos vins, c'est l'assujettissement aux bans des vendanges, qui met dans le cas de faire vendanger ses vignes à jour préfix ou de les voir exposées au pillage. Les voleurs et les fripons ne sont que trop communs parmi le petit peuple et les misérables dans les villes. Les gardes des fruits se croient dispensés, après le jour du ban d'une certaine contrée, de veiller davantage sur les fruits que l'on y laisseroit. De sages règlements de police et une attention singulière dans les commencements à les faire observer, à rechercher exactement les contrevenants et à les punir sévèrement pourroient procurer la réforme des abus; mais peut-on espérer que l'on prendra les moyens convenables pour parvenir à cette réforme? Il n'y a plus de chaleur dans les cœurs et plus guère de ressources dans les esprits.

On voit par ce que l'on vient de remarquer des obstacles à la façon et à la perfection de nos vins quelles seroient les précautions, les attentions nécessaires pour les surmonter et se mettre à couvert des évènements. Le contraire de ce qui est et de ce qui se fait seroit peut-être le meilleur moyen à employer. Heureux celui qui auroit une certaine étendue de vignoble dans nos bonnes côtes, qu'il feroit cultiver et clore ou garder, pour y faire vendange à diverses reprises et quand il voudroit, après y avoir établi des plants propres à remplir les projets qu'il auroit conçus!

Telles sont les observations que l'on a cru pouvoir être ajoutées à l'œnologie qui précède. Le temps viendra peut-être que l'on y donnera quelque attention et qu'elles fourniront des vues. On enchérira sur mes remarques, on en corrigera, l'on fera, l'on dira mieux et je le souhaite.

TABLE DES MATIÈRES

POLIGNY, IMP. DE MARESCHAL.

www.ingramcontent.com/pod-product-compliance
Lightning Source LLC
Chambersburg PA
CBHW060627200326
41521CB00007B/919